大学物理通用教程 主编 钟锡华 陈熙谋

《光学》内容简介

全套教程包括《力学》《热学》《电磁学》《光学》《近代物理》和《习题解答》.

《光学》一书包括光学导言,光在各向同性介质界面上的反射和折射,光的干涉,光的衍射,光的偏振和光在晶体中的传播,光的吸收、色散和散射,共计6章,并配有106道习题.本书以波动的基本原理和概念深入地分析讨论了波动光学的典型现象、其特性和广泛应用以及近代以新视角新思路开发出来的崭新物理内涵和别开生面的新应用,阐述平实而富于启发性.本书崇尚结构、承袭传统、注重扩展,精心于学习方法的引导,是一本较好的通用教程,大体上与讲授30学时相匹配,适合于理、工、农、医和师范院系使用.

大学物理通用教程

光　学

（第二版）

陈熙谋　编著

北京大学出版社
PEKING UNIVERSITY PRESS

图书在版编目(CIP)数据

大学物理通用教程.光学/陈熙谋编著.—2版.—北京:北京大学出版社,2011.5
ISBN 978-7-301-18699-2

Ⅰ.①大… Ⅱ.①陈… Ⅲ.①光学-高等学校-教材 Ⅳ.①O4

中国版本图书馆 CIP 数据核字(2011)第 051341 号

书　　　　名:	大学物理通用教程·光学(第二版)
著作责任者:	陈熙谋　编著
责　任　编　辑:	顾卫宇
标　准　书　号:	ISBN 978-7-301-18699-2/O·0843
出　版　发　行:	北京大学出版社
地　　　　址:	北京市海淀区成府路 205 号　100871
网　　　　址:	http://www.pup.cn　电子邮箱:zpup@pup.pku.edu.cn
电　　　　话:	邮购部 62752015　发行部 62750672　编辑部 62752021
	出版部 62754962
印　　刷　　者:	河北博文科技印务有限公司
经　　销　　者:	新华书店
	890 毫米×1240 毫米　A5　7.375 印张　211 千字
	2002 年 3 月第 1 版
	2011 年 5 月第 2 版　2024 年 9 月第13次印刷
印　　　　数:	39001—43000 册
定　　　　价:	19.00 元

未经许可,不得以任何方式复制或抄袭本书之部分或全部内容。
版权所有,侵权必究
举报电话:010-62752024　电子邮箱:fd@pup.pku.edu.cn

大学物理通用教程

第二版说明

  这套教程自本世纪初陆续面世以来,至今已重印七次.这第二版的主要变化是,将原《光学·近代物理》一本书改版为《光学》和《近代物理》两本书,均以两学分即 30 学时的体量来扩充内容,以适应不同专业或不同教学模块的需求.

  这第二版大学物理通用教程全套包括《力学》《热学》《电磁学》《光学》《近代物理》《习题解答》.在每本书的第二版说明中作者将给出各自修订、改动和变化之处,以便于查对.

  这第二版大学物理通用教程系普通高等教育"十一五"国家级规划教材.作者感谢广大师生多年来对本套教材赐予的许多宝贵意见和建议,感谢北京大学教材建设委员会给予本套教材建设立项的支持,感谢北京大学出版社及其编辑出色而辛勤的工作.

钟锡华 陈熙谋

2009 年 7 月 22 日日全食之日

于北京大学物理学院

《光学》第二版说明

《大学物理通用教程》各分册自 2000 年左右先后出齐,至今已 10 年,重印多次,在各类院校物理教学中发挥了积极的作用.这次修订中最大的改变是将原来的《光学·近代物理》分册分为《光学》和《近代物理》两个分册.原来的《光学·近代物理》按光学和近代物理各占 20 学时的内容来编写,内容显得单薄.这次修订《光学》和《近代物理》两个分册各按 2 个学分 30 个学时的内容来编写.

《光学》分册仍以波动光学内容为主,增加了光在各向同性介质界面上的反射和折射,多光束干涉,菲涅耳衍射,光的吸收、色散和散射,另外有些部分内容加深了内容的物理分析.我们所以要这样修订,是因为波动是物理学中一种最重要的研究对象,它贯穿于物理学的各个分支,力学中有机械波,声学中有声波,电磁学中有电磁波、等离子波,光学中有光波,固体物理中有格波以及微观粒子运动的概率波,等等.而光学是展现波动过程的特征和特性最为丰富、最为绚丽的篇章.

北京大学钟锡华教授于 2003 年出版了《现代光学基础》(北京大学出版社),评为国家精品课程教材,赵凯华教授于 2004 年出版了《新概念物理教程·光学》(高等教育出版社),全套教材荣获国家教委科技进步一等奖.这两部教材是多年来北京大学光学教学的总结,它们自然地成为本书修订的首选参考;而这次修订重点则主要放在非物理类课程学时少的前提下教学内容的选取、教学体系的组织以及物理分析的阐述.我们希望这次修订对于波动光学内容的充实和提高,能使学生对于波动过程有一个更深入的认识,以利于他们在未来的工作实践中更好地发挥他们的聪明和才智.

至于学时甚少讲授不足 20 学时的课程,使用本书时仍可采用原来第一版的取材方式,略去上述第二版增加的章节,构成一最少学时的教本.

谨向几年来热情为我们指正的广大教师和读者致以衷心的感谢.

陈熙谋

2010 年 3 月

北京大学物理学院

大学物理通用教程
第一版序

概况与适用对象　这套大学物理通用教程分四册出版,即《力学》《热学》《电磁学》和《光学·近代物理》,共计约130万字.原本是为化学系、生命科学系、力学系、数学系、地学系和计算机科学系等非物理专业的系科,所开设的物理学课程而编写的,其内容和分量大体上与一学年课程140学时数相匹配.这套教程具有较大的通用性,也适用于工科、农医科和师范院校同类课程.编写此书是希望非物理类专业的学生熟悉物理学、应用物理学,并对物理学原理是如何形成的有个较深入的理解,从而使他们意识到,物理学的学习在帮助他们提出和解决他们各自领域中的问题时所具有的价值.为此,首先让我们大略地认识一下物理学.

物理学概述　物理学成为一门自然科学,这起始于伽利略-牛顿时代,经350多年的光辉历程发展到今天,物理学已经是一门宏大的有众多分支的基础科学.这些分支是,经典力学、热学、热力学与经典统计力学、经典电磁学与经典电动力学、光学、狭义相对论与相对论力学、广义相对论与万有引力的基本理论、量子力学、量子电动力学、量子统计力学.其中的每个分支均有自己的理论结构、概念体系和独特的数理方法.将这些理论应用于研究不同层次的物质结构,又形成了原子物理学、原子核物理学、粒子物理学、凝聚态物理学和等离子体物理学,等等.

从而,我们可以概括地说,物理学研究物质存在的各种主要的基本形式,它们的性质、运动和转化,以及内部结构;从而认识这些结构的组元及其相互作用、运动和转化的基本规律.与自然科学的其他门类相比较,物理学既是一门实验科学,一门定量科学,又是一门崇尚理性、注重抽象思维和逻辑推理的科学,一门富有想象力的科学. 正是具有了这些综合品质,物理学在诸多自然科学门类中成为一门伟大的处于先导地位的科学.

在物理学基础性研究的过程中所形成和发展起来的基本概念、基本理论、基本实验方法和精密测试技术,越来越广泛地应用于其他学科,从而产生了一系列交叉学科,诸如化学物理、生物物理、大气物理、海洋物理、地球物理和天体物理,以及电子信息科学,等等. 总之,物理学以及与其他学科的互动,极大地丰富了人类对物质世界的认识,极大地推动了科学技术的创新和革命,极大地促进了社会物质生产的繁荣昌盛和人类文明的进步.

编写方针 一本教材,在内容选取、知识结构和阐述方式上与作者的学识——科学观、知识观和教学思想,是密切相关的. 我们在编写这套以非物理专业的学生为对象的大学物理通用教程时,着重地明确了以下几个认识,拟作编写方针.

1. 确定了以基本概念和规律、典型现象和应用为教程的主体内容;对主体内容的阐述应当是系统的,以合乎认识逻辑或科学逻辑的理论结构铺陈主体内容. 知识结构,如同人体的筋骨和脉络,是知识更好地被接受、被传承和被应用的保证,是知识生命力之本源,是知识再创新之基础. 知识的力量不仅取决于其本身价值的大小,更取决于它是否被传播,以及被传播的深度和广度. 而决定知识被传播的深度和广度的首要因素,乃是知识的结构和表述.

2. 然而,本课程学时总数毕竟也仅有物理专业普通物理课程的40%,故降低教学要求是必然的出路. 我们认为,降低要求应当主要体现在习题训练上,即习题的数量和难度要降低,对解题的熟练程度和技巧性要求要降低. 降低教学要求也体现在简化或省略某些定理证明、理论推导和数学处理上.

3. 重点选择物理专业后继理论课程和近代物理课程中某些篇章于这套通用教程中,以使非物理专业的学生在将来应用物理学于本专业领域时,具有更强的理论背景,也使他们对物理学有更为全面和深刻的认识.《力学》中的哈密顿原理;《热学》中的经典统计和量子统计原理;《电磁学》中的电磁场理论应用于超导介质;《光学·近代物理》中的变换光学原理、相对论和量子力学,均系这一选择的结果.

4. 积极吸收现代物理学进展和学科发展前沿成果于这套通用教程中,以使它更具活力和现代气息.这在每册书中均有不少节段给予反映,在此恕不一一列举,留待每册书之作者前言中明细.值得提出的是,本教程对那些新进展新成果的介绍或论述是认真的,是充分尊重初学者的可接受性而恰当地引入和展开的.

应当写一套新的外系用的物理学教材,这在我们教研室已闲散地议论多年,终于在室主任舒幼生和王稼军的积极策划和热心推动下,得以启动并实现.北大出版社编辑周月梅和瞿定,多次同我们研讨编写方针和诸多事宜,使这套教材得以新面貌而适时面世.北大出版社曾于1989年前后,出版了一套非物理专业用普通物理学教材共四册,系我教研室包科达、胡望雨、励子伟和吴伟文等编著,它们在近十年的教学过程中发挥了很好的作用.现今这套通用教程,在编撰过程中作者充分重视并汲取前套教材的成功经验和学识.本套教材的总冠名,经多次议论最终赞赏陈秉乾教授的提议——大学物理通用教程.

一本教材,宛如一个人.初次见面,观其外表和容貌;接触多了,知其作风和性格;深入打交道,方能度其气质和品格.我们衷心期望使用这套教程的广大师生给予评论和批判.愿这套通用教程,迎着新世纪的曙光,伴你同行于科技创新的大道上,助年轻的朋友茁壮成长.

钟锡华　　陈熙谋

2000年8月8日于北京大学物理系

作者前言(第一版,节录)

……

　　光学部分包括光学导言和波动光学内容,共4章.光学导言主要讲述光学发展简史,介绍后面波动光学所必需的光学知识,介绍光程概念和费马原理.波动光学讲述传统的基本内容:光的干涉、光的衍射和光的偏振.这些内容对于认识光的波动性、认识物理现象中的波动图象是重要的.波动光学是19世纪发展起来的,随着现代物理的发展,从新的视角审视,开发出崭新的物理内涵和别开生面的重要应用,如相衬原理、全息照相和傅里叶光学等典型的例子.因此这部分采用简明的方法讲述传统的内容之后,以新的视角介绍处理干涉衍射问题的新思路,以及由此带来的新应用的各个方面,会给学生带来面目一新的感觉.作者认为,不断开发物理内容的新视野是拓宽物理应用、推动科学技术发展的重要源泉,也是物理教学的重要内容.让学生掌握物理学的基本内容,并获得认识物理问题的新视角,是活跃思想,培养创新思维的新起点.学生多接触新思维的熏陶是大有好处的.

……

目　　录

第1章　光学导言 ·· (1)
  1.1　光学发展简史 ···································· (1)
  1.2　光波的描述 ······································ (6)
  1.3　费马原理 ·· (16)
  习题 ·· (21)

第2章　光在各向同性介质界面上的反射和折射 ············ (23)
  2.1　概述 ·· (23)
  2.2　菲涅耳反射折射公式 ······························ (23)
  2.3　反射率和透射率 ·································· (26)
  2.4　相位关系和半波损问题 ···························· (31)
  2.5　反射、折射时的偏振 ······························ (35)
  2.6　全反射时的隐失波 ································ (36)
  习题 ·· (41)

第3章　光的干涉 ······································ (44)
  3.1　概述 ·· (44)
  3.2　光波的叠加和干涉 ································ (45)
  3.3　分波前干涉——杨氏干涉实验 ······················ (49)
  3.4　其他分波前干涉装置 ······························ (56)
  3.5　分振幅干涉——薄膜干涉的一般问题 ················ (58)
  3.6　等倾干涉 ·· (61)
  3.7　等厚干涉 ·· (64)
  3.8　薄膜干涉应用举例 ································ (67)
  3.9　迈克耳孙干涉仪和马赫-曾德尔干涉仪 ··············· (69)
  3.10　光场的空间相干性和时间相干性 ··················· (72)
  3.11　维纳实验 ······································· (75)
  3.12　多光束干涉 ····································· (77)

习题 ·· (84)

第4章 光的衍射 ·· (89)

- 4.1 衍射现象 ··· (89)
- 4.2 惠更斯-菲涅耳原理 ·· (91)
- 4.3 菲涅耳衍射和菲涅耳半波带法 ··· (96)
- 4.4 夫琅禾费单缝衍射 ·· (103)
- 4.5 夫琅禾费矩孔、圆孔衍射和光学仪器的分辨本领 ······························· (110)
- 4.6 多缝衍射和光栅 ··· (115)
- 4.7 X射线衍射 ··· (126)
- 4.8 全息术原理 ··· (129)
- 4.9 相衬显微镜 ··· (134)
- 4.10 纹影法 ·· (136)
- 4.11 傅里叶光学大意 ··· (137)
- 习题 ·· (152)

第5章 光的偏振和光在晶体中的传播 ·· (159)

- 5.1 概述 ··· (159)
- 5.2 光的横波性和光的五种偏振态 ·· (160)
- 5.3 起偏振器与检偏振器 马吕斯定律 ·· (163)
- 5.4 双折射现象 ··· (165)
- 5.5 惠更斯作图法 ·· (167)
- 5.6 偏振棱镜 ·· (171)
- 5.7 波片和补偿器 ·· (173)
- 5.8 偏振光的干涉 ·· (177)
- 5.9 人为双折射 ··· (182)
- 5.10 旋光性 ·· (185)
- 习题 ·· (189)

第6章 光的吸收、色散和散射 ··· (192)

- 6.1 概述 ··· (192)
- 6.2 光的吸收 ·· (192)
- 6.3 光的色散 ·· (196)
- 6.4 波包与群速 ··· (201)

6.5　光的散射 …………………………………………（206）
习题 ……………………………………………………（210）
习题答案……………………………………………（213）

1 光学导言

1.1 光学发展简史
1.2 光波的描述
1.3 费马原理

1.1 光学发展简史

- 光学的早期发展
- 微粒说
- 波动说　惠更斯原理
- 波动说的决定性胜利
- 光学的现代发展

● **光学的早期发展**

　　光学是物理学的重要分支.人们很早就开始研究能够引起视觉反应的现象,能引起视觉反应的事物,就称为光.如今的光学研究对象和范围有了很大的扩充,它不是仅限于研究人眼可感知的可见光,而是研究包括微波、红外线、可见光、紫外线直到 X 射线的整个电磁波谱范围,研究它们的传播以及与物质的相互作用,其中涉及的一个基本问题是,"光是什么?""光的本性是什么?"

　　光学的研究可追溯到 2000 多年前.约在公元前 400 多年,中国的《墨经》记载了世界上最早的光学实验以及所获得的关于影、针孔成像和镜面成像的知识.差不多相同的时期,西方也有一些光学研究,公元前 300 年,希腊欧几里得的《反射光学》已有光的直线传播性和反射定律的叙述.

　　到 17 世纪,光学才有了真正的发展.1621 年斯涅耳(W. Snell)发现光的折射定律,与早先已经发现的光的直线传播定律和反射定律一起构成几何光学的基础,使得稍早发明的望远镜、显微镜等光学仪器有了长足的发展,并开拓了日益广泛的应用.此时,关于光的本性形成了两种激烈争论的对立的学说,一种是以牛顿为代表的微粒说,另一种是以惠更斯为代表的波动说.

- **微粒说**

以牛顿为代表的微粒说认为光是由微粒组成的,这些光微粒与普通的实物小球一样遵从相同的力学规律.微粒说可以很好地说明光的直线传播和反射定律.光线在平面镜上的反射同小球与硬壁的碰撞相同,光微粒速度沿界面的分量在反射前后保持不变,而沿垂直界面的分量在反射前后保持大小不变,方向逆反.这样很容易得出光反射时反射角等于入射角.

微粒说对于折射定律的说明采用了相同的条件,认为微粒速度沿界面的分量在折射前后保持不变,而微粒通过界面时由于受到阻滞或相反的效应,速度由 v_1 变为 v_2,如图 1-1 所示. 由于

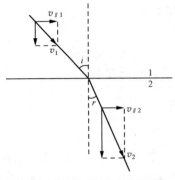

图 1-1 微粒说对折射定律的说明

$$v_{/\!/1} = v_{/\!/2},$$

于是

$$\frac{\sin i}{\sin r} = \frac{v_{/\!/1}/v_1}{v_{/\!/2}/v_2} = \frac{v_2}{v_1}. \tag{1.1}$$

这表明入射角 i 的正弦与折射角 r 的正弦之比与入射角无关,仅仅取决于光微粒在两种介质中的速度之比,这正是折射定律.

根据(1.1)式,光在光疏介质中的速度小于光密介质中的速度,例如,光从空气射向水是从光疏介质射向光密介质,入射角 i 大于折射角 r,则光在空气中的速度小于光在水中的速度.

- **波动说 惠更斯原理**

以惠更斯(C. Huygens)为代表的波动说认为光和声一样是一种波动.1690 年惠更斯提出了一个波传播的一般原理,现在称为**惠更斯原理:波面(波前)上的任意点都可以看作新的振动中心,它们发**

出球面次波,这些次波的包络面就是新的波面(波前).运用惠更斯原理,通过几何作图,容易说明光在各向同性的均匀介质中沿直线传播,如图 1-2 所示.

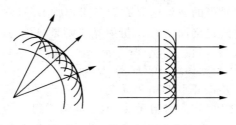

图 1-2　球面波和平面波的传播

波动说关于光在两种介质界面上的反射简要说明如下.如图 1-3 所示,在各向同性均匀介质中,斜入射向界面的波到达界面

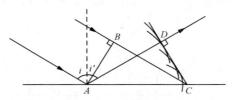

图 1-3　波动说对反射定律的说明

AC 是不同时的,一边的波到达 A 点,另一边的波才到达 B 点,随着时间的推移,在界面上从左到右,波依次先后到达.依照惠更斯原理,界面上各点振动中心发出的次波的半径是不同的,波先到达的点发出的次波较大,后到达的点发出的次波较小.由于在同一种介质中波传播的速度相同,因此当波从 B 点传播到 C 点时,A 点反射发出的次波的半径已为 AD,而且 $AD=BC$.这些大小不一的次波的包络面是 CD,反射光线则为 AD.从图中容易看出
$$\triangle ABC \cong \triangle ADC,$$
所以
$$\angle BAC = \angle DCA,$$
而
$$i = \angle BAC, \quad i' = \angle DCA,$$
因此,反射角等于入射角.

$$i' = i.$$

波动说关于光在两种介质界面上的折射亦可简要说明如下. 如图 1-4 所示,设波在两种介质中的波速分别为 v_1 和 v_2,与上面同样的考虑,斜射向界面的波到达界面的时间先后不一,它们发出的次波大小不同,它们的包络面是 CD,折射光线则是 AD,于是

$$\frac{\sin i}{\sin r} = \frac{\sin \angle BAC}{\sin \angle ACD} = \frac{BC/AC}{AD/AC} = \frac{BC}{AD} = \frac{v_1}{v_2}^{①}. \tag{1.2}$$

同样得出,入射角的正弦与折射角的正弦之比仅仅取决于波在两种介质中的速度之比,与入射角无关. 但是波动说得出的速度比与微粒说得出的速度比是相反的. 根据(1.2)式,光在光疏介质中的速度大于光密介质中的速度,例如光在空气中的速度大于光在水中的速度. 当时两种学说争论得颇为激烈,在那个年代还不可能作出实验判决谁是谁非. 由于牛顿的权威,光的微粒说颇占优势,占据着统治地位.

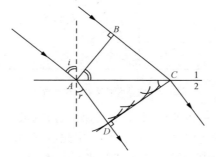

图 1-4 波动说对折射定律的说明

• 波动说的决定性胜利

1801 年医生出身的英国物理学家杨氏(T. Young)发展了惠更斯的波动学说,他做了一个著名的光的双缝实验,并且用他提出的干

---

① 考虑光由真空射向某种介质,光在真空中的传播速度 $v_1 = c$,光在介质中的传播速度 $v_2 = v$,由此,$\frac{\sin i}{\sin r} = \frac{c}{v}$,而折射的实验定律 $\frac{\sin i}{\sin r} = n$,$n$ 为介质的折射率,因此 $\frac{c}{v} = n$ 或 $v = \frac{c}{n}$. 这是介质中光速与真空中光速的基本关系.

涉原理很好地说明了双缝干涉实验中观察到的光强周期性分布,为光的波动说的发展奠定了基础.1818 年法国的菲涅耳(A. J. Fresnel)将杨氏的干涉原理和惠更斯原理结合起来,提出惠更斯-菲涅耳原理,完满地解释了早在 1665 年格里马耳迪(F. M. Grimaldi)曾报道,而微粒说一直无法说明的光的衍射现象,光的波动说从此蓬勃地发展起来.1850 年法国物理学家傅科(J. B. L. Foucault)实验测得光在水中的传播速度为光在空气中速度的 3/4,无可怀疑地支持了光的波动说,这对于微粒说不多的支持者是一个致命的打击,从此光的波动说获得彻底的胜利.

1865 年,英国物理学家麦克斯韦(J. C. Maxwell)建立电磁场理论,并得出光是电磁横波,为光的波动说建立起更为坚实的理论基础.

- **光学的现代发展**

19 世纪末发现了一些光的波动说不能说明的现象,如黑体辐射现象和光电效应等,人们在解释这些光和物质相互作用的现象时,认识到必须认为光具有粒子性,1900 年普朗克提出辐射的量子论,1905 年爱因斯坦则进一步提出光是由光子组成的.因此,光是既具有波动性又具有粒子性的客体,即光具有波粒二象性.光的粒子性决不是牛顿时代的微粒,而是遵从崭新量子规律的粒子,这一崭新的量子规律正是在对于光和原子现象的研究中逐渐认识到的.另一方面,利用光现象探测地球绝对运动的失败引导狭义相对论的诞生,从而现代物理学中两个最重要的基础理论——量子力学和狭义相对论,都是在人类关于光的研究中诞生和发展的.现代物理的发展反过来又推动光学的进展,1960 年发明的激光器就是量子理论下的产物.激光具有极好的单色性、相干性、高亮度和良好的方向性,广开现代光学许多崭新研究领域,如傅里叶光学、全息术、非线性光学、光纤光学、集成光学、统计光学等,推动现代科学技术迅猛发展.

本教程的光学部分主要介绍波动光学方面的内容,有关光的粒子性方面的内容则放在近代物理的量子物理部分,结合量子概念的诞生予以介绍.

为了适应讨论波动光学的需要,下面对以前学过关于光和波动的知识作简要的回顾和适量的补充.

1.2 光波的描述

- 光波的波长和光强
- 简谐波的数学表达式
- 波动的复数表示 复振幅
- 波前函数
- 实际光波的复杂性
- 光波的横波性

● **光波的波长和光强**

麦克斯韦电磁理论的重要成果是存在电磁波,而且光是电磁波. 光与无线电波、微波、X 射线、γ 射线等其他电磁波无本质的不同,只是它们的波长范围不同. 通常的可见光是指能引起人眼视觉反应的那部分电磁波,它在整个电磁波频谱范围中只占极窄的部分. 在此间隔内不同波长(频率)的光波引起人眼的不同色觉. 表 1.1 列出各种色光的大致波长范围和频率范围.

表 1.1 各种色光的波长范围和频率范围

色 光	波长范围/nm	频率范围/(10^{14} Hz)
红色光	640~750	4.69~4.00
橙色光	600~640	5.00~4.69
黄色光	550~600	5.45~5.00
绿色光	500~550	6.00~5.45
青色光	480~500	6.25~6.00
蓝色光	450~480	6.67~6.25
紫色光	400~450	7.50~6.67

电磁波在介质中的传播速度为

$$v = \frac{1}{\sqrt{\varepsilon_0 \mu_0 \varepsilon_r \mu_r}},$$

式中 ε_0 是真空介电常量,μ_0 是真空磁导率,ε_r 是介质的相对介电常量,μ_r 是介质的相对磁导率. 对于真空,$\varepsilon_r = 1, \mu_r = 1$,光在真空中的速度为

$$c = \frac{1}{\sqrt{\varepsilon_0 \mu_0}} = 2.997\,924\,58 \times 10^8 \text{ m/s},$$

于是,

$$v = \frac{c}{\sqrt{\varepsilon_r \mu_r}} = \frac{c}{n}. \tag{1.3}$$

n 为该种介质的折射率. 介质中的光速等于真空中的光速除以介质的折射率,这一基本关系在惠更斯原理对于折射现象的说明中已经得到.

麦克斯韦电磁理论还指明电磁波是横波,变化的电场和磁场垂直于波的传播方向. 实验表明,是电场矢量 $\boldsymbol{E}$ 对光和物质发生作用引起多方面的效应,例如对人眼的感觉细胞起生理作用和对感光乳胶起化学作用的都是电场[维纳(O. Wiener)实验,3.11 节中介绍],因此通常所说的光波的光矢量就是指电场矢量.

任何波动过程都伴随着能量的传递. 电磁波传递的是电磁场能量,用能流密度(坡印亭矢量)来描述,它表示单位时间内通过单位垂直面积的能量. 根据电磁场理论,能流密度的大小为

$$S = |\boldsymbol{E} \times \boldsymbol{H}|$$
$$= \sqrt{\frac{\varepsilon_0 \varepsilon_r}{\mu_0 \mu_r}} E_0^2 \cos^2\left[\omega\left(t - \frac{x}{v}\right) + \varphi\right].$$

对于光波来说,它是一个随时间变化很快的量. 通常定义能流密度的时间平均值,即单位时间内通过单位垂直面积的平均能量,称为辐照度,简称光强. 对于简谐波计算表明光强 I 为

$$I = \bar{S} = \frac{1}{T}\int_0^T S\,\mathrm{d}t = \frac{1}{2}\sqrt{\frac{\varepsilon_0 \varepsilon_r}{\mu_0 \mu_r}} E_0^2 = \frac{n}{2c\mu_0} E_0^2, \tag{1.4}$$

式中 E_0 为电场矢量的振幅,这里用到 $c = \dfrac{1}{\sqrt{\varepsilon_0 \mu_0}}$,$\mu_r \approx 1$ 以及 $n = \sqrt{\varepsilon_r \mu_r} \approx \sqrt{\varepsilon_r}$. (1.4)式表明,光强与电矢量振幅二次方成正比. 对于更一般类型的光波,光强与电矢量振幅平方成正比的关系仍然有效. 因此在以后的讨论中,在同一种介质里只关心光强的相对分布时,上式中的比例系数并不重要,我们就直接将光强写成振幅的平方,

$$I = E_0^2,$$

但是在比较两种介质里的光强时,则应注意前面的折射率因子,
$$I = nE_0^2.$$

● **简谐波的数学表达式**

一维简谐波的数学表达式为
$$U = A\cos\left[\omega\left(t - \frac{x}{v}\right) + \varphi\right]$$
$$= A\cos(\omega t - kx + \varphi), \tag{1.5}$$
式中 A 为振幅,是常量,ω 为角频率,v 为波速,φ 为 $t=0$ 时刻坐标原点的初相位,U 为作简谐振动的量,对于光波,U 为光矢量. 第二等式中的 $k = \frac{2\pi}{\lambda}$ 称为波数.(1.5)式 k **前面为负号,或 kx 项与 ωt 项的符号相反,表示的是向 x 正方向传播的波**,沿 x 正方向随着 x 增大,相位逐次落后;**若 k 前面为正号,或 kx 项与 ωt 项的符号相同,则表示的是向 x 负方向传播的波**,沿 x 正方向随着 x 增大,相位逐次超前.

简谐振动与旋转矢量有对应关系,利用这种对应关系容易计算简谐振动或简谐波的叠加,特别是计算振动方向相同频率相同的简谐波的叠加.

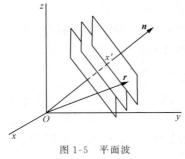

图 1-5 平面波

一维简谐波的表达式容易推广到三维情形. 三维平面波的波面(等相面)是一组平行平面族,它们垂直于波的传播方向,如图 1-5 所示. 设三维平面波沿 n 方向传播,n 为波传播方向的单位矢量. 设沿 n 方向的坐标为 x',三维平面波的表达式可仿照一维简谐波写成
$$U = A\cos(\omega t - kx'),$$
式中 A 为振幅,是常量,而 $t=0$ 时刻坐标原点的初相位 φ 设为零. 由于 $kx' = \boldsymbol{k} \cdot \boldsymbol{r}$,其中 $\boldsymbol{k}$ 称为波矢,其大小等于波数,$k = \frac{2\pi}{\lambda}$,其方向为波传播方向,即 $\boldsymbol{k} = \frac{2\pi}{\lambda}\boldsymbol{n}$,因此,

$$U = A\cos(\omega t - \boldsymbol{k} \cdot \boldsymbol{r})$$
$$= A\cos[\omega t - (k_x x + k_y y + k_z z)], \qquad (1.6)$$

式中 k_x, k_y, k_z 分别为波矢在 x, y, z 轴上的分量.

与一维简谐波情形一样,当 $\boldsymbol{k}$ 前面为负号,或 $\boldsymbol{k} \cdot \boldsymbol{r}$ 项与 ωt 项的符号相反时,(1.6)式表示向 $\boldsymbol{n}$ 正方向传播的波;当 $\boldsymbol{k}$ 前面为正号,或 $\boldsymbol{k} \cdot \boldsymbol{r}$ 项与 ωt 项的符号相同时,则表示向 $-\boldsymbol{n}$ 方向传播的波.

因此,只要给出平面波表达式的具体形式,就不难看出波的传播方向和传播速度.

球面波是波动的另一种简单的形式. 从点源发出的波在各向同性均匀介质中传播时,其波面是以点源为球心的同心球面族. 由于球面波的传播,随距离的增大,波动涉及的范围扩大,因此可以预料球面波的振幅应该随距离增大而减小. 根据能流密度概念,如图 1-6 所示,单位时间内通过球面 Σ_0 的能量为 $4\pi r_0^2 I_0 = 4\pi r_0^2 A_0^2$,式中 A_0 和 I_0 是

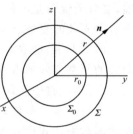

图 1-6 球面波

Σ_0 面上的振幅和相应的光强. 同理,单位时间内通过球面 Σ 的能量为 $4\pi r^2 I = 4\pi r^2 A^2$,式中 A 和 I 是 Σ 面上的振幅和相应的光强. 考虑到介质对波无吸收,由能量守恒定律可知有

$$4\pi r^2 A^2 = 4\pi r_0^2 A_0^2,$$

即

$$A \propto \frac{1}{r}.$$

于是球面波的表达式可写成

$$U(r,t) = A\cos(\omega t - kr)$$
$$= \frac{A_0}{r}\cos(\omega t - kr). \qquad (1.7)$$

式中 A 是球面波传播到 r 处的振幅,A_0 是离波源单位距离处的振幅.

一个会聚的球面波的表达式可写成

$$U(r,t) = \frac{A_0}{r}\cos(\omega t + kr). \qquad (1.8)$$

- **波动的复数表示　复振幅**

由于数学上复数 $e^{\pm i\alpha}$ 的实部和虚部分别是 cos 函数和 sin 函数,
$$\widetilde{U} = Ae^{\pm i\alpha} = A(\cos\alpha \pm i\sin\alpha),$$
因此,波与复数之间可建立一一对应的关系. 设波表示为 $U(P,t) = A\cos(\omega t - \phi(P))$,则有

$$U(P,t) = A\cos(\omega t - \phi(P)) \longleftrightarrow \widetilde{U}(P,t) = Ae^{\pm i(\omega t - \phi(P))}. \quad (1.9)$$

由此,可引入复数描述波,即建立波的复数表示. 复数的模为波的振幅,复数的辐角是波的相位,复数的实部为波的表达式.

引入波的复数表示,常常可使波的运算简化.

原则上说,选取 $\widetilde{U}(P,t) = Ae^{i(\omega t - \phi(P))}$ 或 $\widetilde{U}(P,t) = Ae^{-i(\omega t - \phi(P))}$ 作为波的复数表示都是可以的,重要的是在整个运算中采取一贯的对应关系. 本教材中采用 $\widetilde{U}(P,t) = Ae^{-i(\omega t - \phi(P))}$ 作为波的复数表示,在运算中可带来一些好处. 原因一方面是对于定态波,时间频率单一,在波函数表达式中 ω 始终不变,$e^{-i\omega t}$ 可置于表达式一旁,而我们更关心波在传播过程中相位随空间位置的变化,即

$$\widetilde{U}(P,t) = Ae^{i\phi(P)} \cdot e^{-i\omega t} = \widetilde{U}(P)e^{-i\omega t}, \quad (1.10)$$

式中 $\widetilde{U}(P) = Ae^{i\phi(P)}$ 称为波的复振幅,它包括波的实数振幅和相位分布两部分;另一方面是使得复振幅中 $\phi(P)$ 为正值,代表 P 点的相位滞后,可避免相位运算中容易产生的正负号错误.

下面我们来看看平面波和球面波的复振幅.

平面波. 复振幅为

$$\widetilde{U}(P) = Ae^{i\varphi(P)} = Ae^{i\mathbf{k}\cdot\mathbf{r}} = Ae^{i(k_x x + k_y y + k_z z)}. \quad (1.11)$$

平面波复振幅的振幅 A 为常量,与场点位置无关;相因子是场点位置的线性函数.

从原点发散开来的球面波. 复振幅为

$$\widetilde{U}_1(P) = \frac{A_1}{r}e^{ikr}, \quad r = \sqrt{x^2 + y^2 + z^2}. \quad (1.12)$$

会聚于原点的球面波. 复振幅为

$$\widetilde{U}_2(P) = \frac{A_1}{r}e^{-ikr}, \quad r = \sqrt{x^2 + y^2 + z^2}. \quad (1.13)$$

从数学上来说,会聚于原点的球面波的复振幅是从原点发散开来的球面波复振幅的复共轭.

更一般的情形,球面波不是从原点发出,也不是会聚于原点,可设场点 P 的坐标为 (x,y,z),点源的坐标为 (x_0,y_0,z_0),则球面波的复振幅为

$$\widetilde{U}(P) = \frac{A_1}{r} e^{\pm ikr}, \quad r = \sqrt{(x-x_0)^2 + (y-y_0)^2 + (z-z_0)^2},$$
(1.14)

其中相因子的 $\pm$ 号反映球面波的聚散性,$+$ 号对应发散球面波,$-$ 号对应会聚球面波,聚散中心位置为 (x_0,y_0,z_0).

- **波前函数**

通常记录光波或研究光波与物质材料的相互作用总是在一接收面上进行,例如用屏幕、感光胶片、光电管阵列、光纤面板或视网膜来接收,再如光照射生物样品、照射全息片等等也是一种接收,这个接收面一般不是等相面,而是横在光波场中的一个平面或曲面.这个接收面上的光波复振幅是研究光波与物质材料相互作用的重要内容.另一方面,入射光波的形貌与其波场中一个截面上的复振幅分布,或者波场中一个截面上的复振幅分布与出射光波的形貌,彼此具有确定的对应关系.研究清楚这种确定对应关系就可以由波场中接收面上复振幅的特点推知入射波或出射波的形貌,这对于认识现代光学中的光学过程是很有意义的.为了语言表述上的方便,现代光学中将上述接收面或波场中的某个截面称为波前,它不是原来意义下的波前[①].波前上的复振幅分布 $\widetilde{U}(x,y)$ 称为**波前函数.**

如图 1-7(a) 的一列平面波,其传播方向在 xz 平面内,且与 z 轴夹角为 θ,其波矢 $\boldsymbol{k}_1$ 的三个分量分别为

$$k_{1x} = k_1 \sin\theta, \quad k_{1y} = 0, \quad k_{1z} = k_1 \cos\theta,$$

它在 $z=0$ 平面上的波前函数为

---

① 三维波场中的等相面称为波面.过去人们将最前面的那个波面称为波前,其实对于定态波无所谓最前面的波面,因此过去人们称谓的波前一词毫无意义.

$$\widetilde{U}_1(x,y) = A e^{ik_1 x \sin\theta}. \tag{1.15}$$

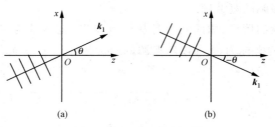

图 1-7 平面波及其共轭波

如图 1-7(b)的一列平面波,传播方向在 xz 平面内,且与 z 轴夹角为 $-\theta$,其波矢 $\boldsymbol{k}_1$ 的三个分量分别为

$$k_{1x} = k_1 \sin(-\theta), \quad k_{1y} = 0, \quad k_{1z} = k_1 \cos(-\theta),$$

它在 $z=0$ 平面上的波前函数为

$$\widetilde{U}_2(x,y) = A e^{-ik_1 x \sin\theta}. \tag{1.16}$$

可见平面波在 $z=0$ 平面上的波前函数的相因子也是一个线性函数,它是该平面上坐标的线性函数. 由此,已知平面波,我们容易写出其波前函数,或者反过来,已知波前函数的形式,写出相应的出射平面波,并确定其传播方向. 从(1.15)和(1.16)式可以看出,两者互为复共轭关系.

如图 1-8,z 轴上有一点光源,其位置坐标为 $(0,0,-R)$,光的传播方向自左向右,它在 $z=0$ 平面上的波前函数为

$$\widetilde{U}_3(x,y) = \frac{A_1}{r} e^{ikr}, \quad r = \sqrt{x^2 + y^2 + R^2}. \tag{1.17}$$

此波前函数的复共轭是

$$\widetilde{U}_4(x,y) = \frac{A_1}{r} e^{-ikr}, \quad r = \sqrt{x^2 + y^2 + R^2}. \tag{1.18}$$

由于其相因子中有负号,它所对应的球面波是一个会聚的球面波;由 r 的表达式,其会聚中心 Q' 位于轴上,位置坐标为 $(0,0,R)$. 如图 1-8 所示,可见 Q,Q' 是以平面 (x,y) 为镜像对称,在这里传播的主方向约定为自左向右.

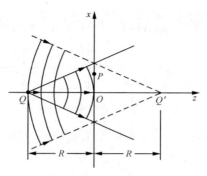

图 1-8 球面波及其共轭波

● **实际光波的复杂性**

按照现代原子物理学的知识,物质的原子内部存在一些离散的能量确定的定态,能量最低的定态称为基态.原子吸收外界的能量可以从基态跃迁到能量较高的激发态,激发态总是不稳定的,有一定的寿命.普通光源中,原子从较高的激发态跃迁到较低激发态或基态.以光的形式辐射能量,所辐射的光波频率取决于初终态的能级差,满足 $h\nu = E_2 - E_1$,式中 ν 为光波频率,h 为普朗克常量,E_2,E_1 分别为高能级和低能级的能量.通常的原子激发态寿命不大于 10^{-8} s 量级,从而原子能级跃迁发射出来的光波持续时间也是这个量级,相应地原子能级的一次跃迁发射出来的波列长度不大于 m 的量级.

由于通常原子的激发和辐射过程是不可控的随机过程,原子什么时候从高激发态跃迁到低激发态完全是偶然的,于是原子在能级跃迁时,发出的光波不是一个无限长的连绵不断的简谐波,而是一些断断续续的波列所组成,如图 1-9 所示.如果写出它们的数学表达式,其中每一列波有一个初相位值,不同波列的初相位值各不相同,完全是随机的.这些断断续续波列的初相位的不稳定性会引起不同于连绵不断波列的光学效应.在光的干涉和衍射中需要认真考量.不过,在不会引起特殊的光学效应时,它无异于连绵不断的波列,我们可不作区别.

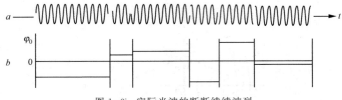

图 1-9　实际光波的断断续续波列

近代物理学家们研制出新型光源激光器,它发出的激光可具有长达数千公里的长波列.

- **光波的横波性**

光是电磁波,电磁波是横波,这是麦克斯韦电磁场理论的一个推论. 这里我们根据麦克斯韦的电磁场理论,对于下面将涉及的光的横波性问题先作若干初步介绍,在第 5 章再详加研究.

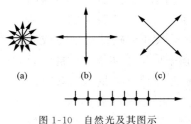

图 1-10　自然光及其图示

光的电场矢量和磁场矢量与光的传播方向垂直,且 E, H, k 组成右手螺旋. 实际光波的复杂性不仅表现在光波的断断续续波列的初相位的随机性,而且振动方向也是随机的,电矢量和磁矢量在垂直传播方向的平面内随机分布,没有哪一个方向上振动更占优势,如图 1-10 所示. 这种光称为自然光,普通光源如太阳、烛焰、灯泡发出的光都是**自然光**.[①]

电矢量振动方向限制在一个平面内的光称为**线偏振光**或**平面偏振光**,振动方向和传播方向所决定的平面称为振动面. 通常用图 1-11 所示的符号表示线偏振光.(a)表示线偏振光的振动面与纸面一致,(b)表示

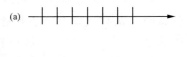

图 1-11　线偏振光的图示

---

① 现代新型光源——激光器发出的激光在某些特殊装置中是线偏振光;某些光源在特殊环境下发出的光也可能是非自然光.

线偏振光的振动面与纸面垂直.

对于这种没有任何方向更占优势的自然光,可以用任意两个相互垂直而等幅的振动来表示,如图 1-10(b)(c)所示,它们是所有各个方向上的振动在这两个垂直方向上投影的结果.因此自然光可以看成是两个振动方向相互垂直的强度相等的线偏振光.应该注意:(1)自然光中这两个相互垂直的线偏振光之间没有固定的相位关系;(2)自然光分解为两个相互垂直的成分是任意的,也可以沿另外两个相互垂直的方向分解;(3)自然光对于传播方向具有轴对称性.

介于线偏振光和自然光之间的是**部分偏振光**,其中包含各个方向的振动,但不同方向上振幅不同,在某一方向上振幅最大,与之正交的方向上振幅最小,各个方向上的振动没有固定的相位关系.我们可以把各个方向上的振动沿振幅最大和振幅最小的两个方向投影.因此部分偏振光可以看成两个振动方向相互垂直、振幅不等的线偏振光,它们之间没有固定的相位关系,如图 1-12 所示.

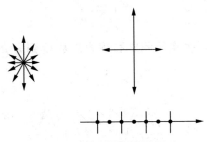

图 1-12　部分偏振光及其图示

为了从定量上加以区分,定义光的偏振度为

$$P = \frac{I_{\max} - I_{\min}}{I_{\max} + I_{\min}}, \tag{1.19}$$

式中 $I_{\max}$, $I_{\min}$ 分别是两个相垂直方向上与最大振幅和最小振幅相应的光强.对于线偏振光,$I_{\min}=0$,偏振度 $P=1$;对于自然光,$I_{\max}=I_{\min}$,偏振度 $P=0$;部分偏振光的偏振度介于 0 与 1 之间.

1.3 费马原理

- 光程
- 费马原理
- 关于透镜物像等光程性的说明
- 费马原理的启迪

● **光程**

费马(P. de Fermat)原理是普遍情形下光传播的一条高度概括的原理.它是用光程的概念来表述的.

如图 1-13 所示,考虑光由 Q 点沿着一条路径经过 m 种不同的均匀介质,到达 P 点,所经历的时间为

$$t = \frac{s_1}{v_1} + \frac{s_2}{v_2} + \cdots + \frac{s_m}{v_m} = \sum_{i=1}^{m} \frac{s_i}{v_i},$$

式中 s_i 和 v_i 分别为光在第 i 种介质中的几何路程和速率. 由于 $v_i = c/n_i$,上式可写成

$$t = \frac{1}{c} \sum_{i=1}^{m} n_i s_i, \tag{1.20}$$

式中路程与相应折射率乘积之和称为光从 Q 到 P 的光程,用 L 表示

$$L = \sum_{i=1}^{m} n_i s_i. \tag{1.21}$$

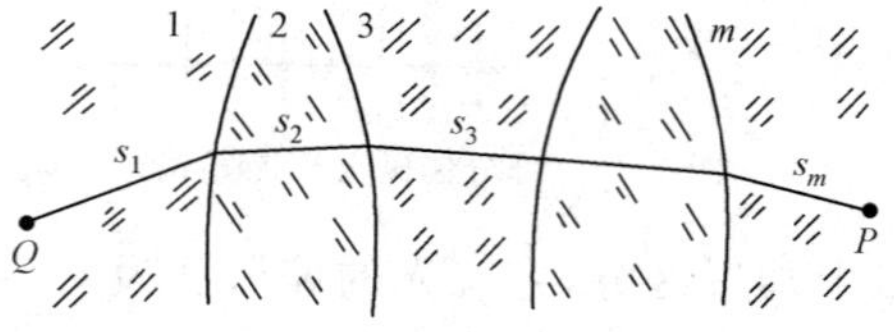

图 1-13 光程

如果介质的折射率连续变化,上述求和化为积分,相应于几何路程的光程为

$$L = \int_Q^P n \, \mathrm{d}s. \tag{1.22}$$

由(1.20)式可以看出,**一段路程的光程等于相同时间内光在真空中**

传播的距离.

● **费马原理**

费马于 1657 年提出一条关于光传播的普遍原理,称为**费马原理**,它可表述为,**光从空间一点传播到另一点是沿着光程为极值的路径传播的**. 具体地说就是把光传播的实际路径与其邻近的其他路径相比较,光的实际路径的光程为极小、极大或稳定值. 根据费马原理可以导出几何光学的三条基本定律.

1. 导出直线传播定律

由于直线是两点间最短距离,因此由费马原理直接得出均匀介质中光沿直线传播.

2. 导出反射定律

如图 1-14,设两种介质的分界面是 Σ 平面,光从 Q 点经界面反射到达 P 点. 过 Q 点和 P 点作一平面 Π 与界面 Σ 垂直,Π 平面即为入射面,它与 Σ 平面的交线为 OO'. 考虑 OO' 线外的任意点 M',它到 OO' 的垂足为 M''. 不难看出 $QM'' < QM'$,$PM'' < PM'$,因此相应 $QM''P$ 的光程要小于 $QM'P$ 的光程. 可见,光程最短的路径应在 Π 平面内寻找,这表明实际的入射光线和反射光线都应在入射面内.

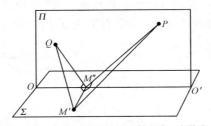

图 1-14 由费马原理推导反射定律:步骤 I

其次,如图 1-15 所示,画出 Π 平面内的情形,考虑由 Q 点出发经界面 Σ 反射到达 P 点的各种可能的光线. 取 P 相对于界面 Σ 镜像对称点 P',由于对称性,从 Q 到 P 任意可能路径 $QM''P$ 的长度与 $QM''P'$ 相等. 显然直线 QMP' 是其中最短的一条,从而 QMP 的长度最短. 根据费马原理,QMP 是实际光线的路径. 从图中不难看出

$\angle MPP' = \angle MP'P$,而 $i = \angle MP'P$,$i' = \angle MPP'$,因此 $i' = i$.

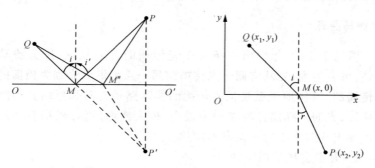

图 1-15 由费马原理推导反射定律:步骤Ⅱ   图 1-16 由费马原理推导折射定律

3. 导出折射定律

推导也分为两步,第一步证明光程最短的路径应在入射面 Π 内寻找,其证明方法与上相同,不再赘述. 第二步如图 1-16 所示,在 Π 平面内建立直角坐标系,Q 点的坐标为 (x_1, y_1),P 点的坐标为 (x_2, y_2),光在 M 点折射,M 点的坐标为 $(x, 0)$,则光从 Q 点到达 P 点的光程为

$$L = n_1 \overline{QM} + n_2 \overline{MP}$$
$$= n_1 \sqrt{y_1^2 + (x-x_1)^2} + n_2 \sqrt{y_2^2 + (x_2-x)^2}. \quad (1.23)$$

根据费马原理,光程取极值,则应有 L 对 x 的一阶导数为零,

$$\frac{dL}{dx} = n_1 \frac{x-x_1}{\sqrt{y_1^2 + (x-x_1)^2}} - n_2 \frac{x_2-x}{\sqrt{y_2^2 + (x_2-x)^2}}$$
$$= n_1 \sin i - n_2 \sin r$$
$$= 0,$$

于是有

$$n_1 \sin i = n_2 \sin r. \quad (1.24)$$

可见,满足费马原理的光线,必然遵从折射定律.

以上几种情形都是光程为极小值情形,费马最初提出原理也是指光程最小,所以他称之为最短光程原理,实际上光程为稳定值和极大值的例子也是存在的.

- **关于透镜物像等光程性的说明**

物光通过凸透镜成像就是光程为稳定值的例子. 从图 1-17 可以看出不同光线的几何路径的长度显然是不等的, 但是考虑到折射率的因素, 不同光线的光程可以是相等的. 进一步考虑, 以光源 S 为球心作球面 abc, abc 显然是波面, 因为在各向同性介质中与波线垂直的面是波面. 同样以像点 S' 为球心作球面 $a'b'c'$, $a'b'c'$ 显然也是波面, 因为球面 $a'b'c'$ 与波线垂直. 波面上各点的振动相位是相等的, 因此从 abc 到 $a'b'c'$ 是等相面的传播, 光从 a 传播 a' 的时间与光从 b 传播到 b' 以及从 c 传播到 c' 的时间相等. 根据光程的性质, 光从 a 传播到 a' 的光程与光从 b 传播到 b' 以及从 c 传播到 c' 的光程相等. 进一步可推论透镜成像中物点 S 和像点 S' 之间各光线的光程都相等, 即透镜成像中物像间光程为稳定值, 或者说透镜物像具有等光程性.

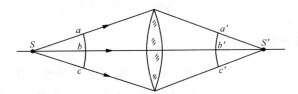

图 1-17 透镜物像的等光程性

透镜物像等光程性还包含以下两种情形, 平行光截面上各点到透镜焦面上光的会聚点之间的光程相等, 或者反过来, 焦面上物点经过透镜到平行光截面上各点的光程相等, 如图 1-18 所示. 透镜物像等光程性在后面光的干涉和衍射等问题中要用到.

此外, 对于一个椭球面反射镜, 从一个焦点发射出来的光经椭球面反射会聚于另一个焦点也是光程为稳定值的例子.

下面举一个光程为极大值的例子. 我们都知道椭球面上任意点到回转椭球的两个焦点的距离之和是常数, 也就是说从椭球的一个焦点发出的光线经椭球面反射到另一焦点

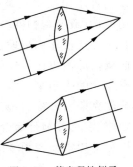

图 1-18 等光程性例子

的光程均相等,这是费马原理中光程为稳定值的例子. 现在如图 1-19 所示,设想有一个曲率较大的凹面镜与椭球面内切于 A 点,从一个焦点发出的光经过凹面镜反射向另一个焦点的光线中,只有在切点 A 处反射的光线是遵从反射角等于入射角的,是实际可能的光线,而从凹面镜其他地方反射到另一焦点的光线的光程由于凹面镜内切椭球面都要短些,也就是说实际可能的光线的光程是极大值.

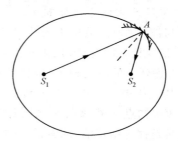

图 1-19 光程为极大值的例子

- **费马原理的启迪**

费马原理对于物理学的发展曾经起过重要的推动作用,它表明关于光的传播规律还存在另外一种表述形式,它摆脱了光传播有如反射、折射、入射面、入射角、反射角、折射角等的一些细节,而是指明实际光线是各种可能的光线中满足某个条件,即光程取极值的那一条. 由于它比较抽象和含蓄,因而概括的面也就更广阔,这一点曾启发物理学家探索物理规律的其他形式,于是找到了被称之为最小作用原理(或哈密顿变分原理),它可表述为系统的各种相邻的经历中,真实经历使作用量取极值. 这种表述显然也是比较抽象而含蓄的,因而概括的面也比较广阔,不仅适用于机械运动场合,可以导出关于质点运动的牛顿第二定律;而且也适用于电磁场情形,可以导出电磁场的麦克斯韦方程组;甚至还可适用于其他场合,导出其他领域的基本定律. 它真可谓是综合整个物理学的真正的基本原理,物理学家们利用它来探索未知领域的基本定律.

习 题

1.1 频率为 4.5×10^{14} Hz 的红光在真空中的波长是多少？在折射率为 1.5 的玻璃中的速率是多大？

1.2 求频率为 4.9×10^{14} Hz 的光在水中的波长，水的折射率 $n=1.33$. 光在水中传播了距离 $6\,\mu m$ 后，相位滞后了多少？

1.3 对眼睛最灵敏的光波（$\lambda=5500$ Å）穿过厚度为 0.11 mm 的空气层时，在空气层厚度内包含多少个完整波形？同样的光波穿过同样厚度的熔凝石英片时，在石英片厚度范围内大约包含多少个完整的波形？熔凝石英的折射率 $n=1.46$.

1.4 一平面波在坐标原点的振动为 $U=A\cos\omega t$，波的传播方向与 x,y,z 轴的夹角分别为 $\alpha=60°,\beta=90°,\gamma=30°$，空间一点 P 的坐标为 $(10\lambda,3\lambda,6\sqrt{3}\lambda)$，$\lambda$ 为平面波的波长. 问 P 点的振动相位比坐标原点落后多少？

1.5 已知一平面波的波动表示式为

$$U=A\cos\left[\omega t-\frac{2\pi}{\lambda}\left(\frac{\sqrt{3}}{2}x+\frac{1}{2}z\right)\right],$$

（1）求该平面波传播方向与 x,y,z 轴的夹角；

（2）空间一点 $P(2\sqrt{3}\lambda,5\lambda,9\lambda)$ 的振动相位比原点落后多少？当原点振动的瞬时值是最大时，P 点的瞬时值等于多少？

1.6 一束平行光其波长为 λ，其传播方向相对我们设定的坐标架 (x,y,z) 的方向余弦角为 (α,β,γ)，且 $\alpha=30°,\beta=75°$.

（1）试写出其波函数的复振幅 $\tilde{U}(x,y,z)$，设振幅为 A，原点相位为 $\varphi_0=0$；

（2）试写出其波前函数 $\tilde{U}(x,y)$；

（3）若方向角 β 改为 $\beta=90°,150°$，试分别写出其波前函数 $\tilde{U}_1(x,y),\tilde{U}_2(x,y)$.

1.7 已知一列波长为 λ 的光波，在 (x,y) 接收面上的波前函数为 $\tilde{U}(x,y)=Ae^{-i2\pi fx}$，其中常量 f 的单位为 mm^{-1}，试分析与该波前函数相联系的波的类型和特征.

1.8 约定光路自左向右，发射平面 (x_0,y_0) 在接收平面 (x,y)

左侧,两者纵向距离 $z_0 = 10^3$ mm. 在发射平面上有三个点源,其横向位置坐标 (x_0, y_0) 分别为 $(0,0)$, $(3\,\text{mm}, 4\,\text{mm})$ 和 $(-3\,\text{mm}, -4\,\text{mm})$,且同相位.

(1) 分别写出这三个点源所产生的波前函数 $\widetilde{U}_1(x,y)$, $\widetilde{U}_2(x,y)$ 和 $\widetilde{U}_3(x,y)$,设其波数均为 k,振幅均为 A;

(2) 试写出三者各自的共轭波前函数 $\widetilde{U}_1^*(x,y)$, $\widetilde{U}_2^*(x,y)$ 和 $\widetilde{U}_3^*(x,y)$,并从中判断其所代表的光波的聚散性及中心坐标 (x_0, y_0, z_0).

1.9 光的偏振度的另一种定义是
$$P = \frac{I_\text{p}}{I_\text{p} + I_\text{u}},$$
式中 I_p 和 I_u 分别为偏振光和非偏振光的强度.

(1) 试说明偏振度的两种定义是等价的;

(2) 若 $I_\text{p} = 4\,\text{W/m}^2$, $I_\text{u} = 6\,\text{W/m}^2$,按偏振度定义(1.19)式得偏振度 P 为多少?

1.10 如图,试分别证明一束平行光在反射或折射时,AA' 到 BB' 之间各光线都是等光程的.

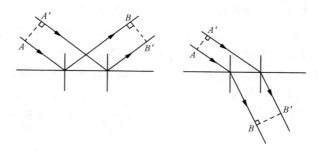

习题 1.10

1.11 试用解析方法,根据费马原理证明光在介质界面上反射时的反射定律 $i' = i$.

2 光在各向同性介质界面上的反射和折射

2.1 概述
2.2 菲涅耳反射折射公式
2.3 反射率和透射率
2.4 相位关系和半波损问题
2.5 反射、折射时的偏振
2.6 全反射时的隐失波

2.1 概 述

　　光波在两种透明介质分界面上将发生反射和折射. 全面地考察,这种光波的反射和折射包括传播方向、能流分配、相位变更和偏振态变化等问题,这是本章的主题. 光是电磁波,根据光的电磁理论,这些问题由麦克斯韦电磁场理论,即麦克斯韦电磁场方程组以及相应的边值关系可求得全面解决. 在麦克斯韦建立电磁场理论之前,1823年菲涅耳已经用光的弹性以太论略欠普遍的形式回答了这些问题,两者在形式上略有不同,但结论是一致的. 上述反射和折射的种种问题除传播方向外,全部涵盖在菲涅耳公式中. 本章的重点放在正确理解菲涅耳公式及其相关的物理图像,以及应用菲涅耳公式获得有关光在电介质界面反射和折射的主要性质.

2.2 菲涅耳反射折射公式

- 入射光束、反射光束和折射光束的描述及相应的坐标架
- 菲涅耳公式

24   2 光在各向同性介质界面上的反射和折射

- **入射光束、反射光束和折射光束的描述及相应的坐标架**

两种电介质 1,2 的折射率分别是 n_1 和 n_2,它们由平面界面分开,平行光从介质 1 一侧入射,在界面上发生反射和折射,菲涅耳给出的是这种情形下反射、折射与入射光束中电矢量各分量的比例关系.

为了很好地理解菲涅耳公式的内涵,建立各光束的定量描述和弄清楚相应的坐标架是极端重要的.如图 2-1,取界面法线为 z 轴,其正向由介质 1 指向介质 2,取 x 轴在入射面内,从而 y 轴与入射面垂直.x,y,z 构成右手正交系,入射角、反射角和折射角分别为 i_1, i_1' 和 i_2.为了表示清楚各光束中电矢量的各分量,我们还需要为每一光束取一局部直角坐标系:第一组基矢选 $\hat{k}_1, \hat{k}_1'$ 和 $\hat{k}_2$ 即入射光、反射光和折射光波矢方向的单位矢量,第二组基矢 $\hat{s}_1, \hat{s}_1'$ 和 $\hat{s}_2$ 取在与入射面垂直的方向,第三组基矢 $\hat{p}_1, \hat{p}_1'$ 和 $\hat{p}_2$ 取在与入射面平行的方向.基矢 $\hat{s}$ 的正方向沿 $+y$ 方向,基矢 $\hat{p}$ 的正方向由下式规定,

$$\hat{p}_1 \times \hat{s}_1 \parallel \hat{k}_1, \quad \hat{p}_1' \times \hat{s}_1' \parallel \hat{k}_1', \quad \hat{p}_2 \times \hat{s}_2 \parallel \hat{k}_2, \quad (2.1)$$

即对于每一束光来说,$\hat{p}, \hat{s}, \hat{k}$ 的顺序组成右手正交系.有了这三个局部直角坐标架,就可把三光束的电矢量 $\boldsymbol{E}, \boldsymbol{E}_1'$ 和 $\boldsymbol{E}_2$ 分解为 p 分量和 s 分量,它们的正负都是相对于各自的基矢方向而言的.

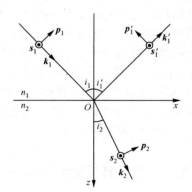

图 2-1 三条光束内 $\hat{p}, \hat{s}, \hat{k}$ 正交坐标架的选取

- **菲涅耳公式**

麦克斯韦电磁场理论给出,界面上无自由电荷和无传导电流的

情形下,存在如下一组电磁场边值关系:

$$\left.\begin{array}{ll}\text{电位移矢量法线分量连续} & \varepsilon_1 E_{1n} = \varepsilon_2 E_{2n}, \\ \text{电场强度矢量切线分量连续} & E_{1t} = E_{2t}, \\ \text{磁感应强度矢量法线分量连续} & \mu_1 H_{1n} = \mu_2 H_{2n}, \\ \text{磁场强度矢量切线分量连续} & H_{1t} = H_{2t}.\end{array}\right\} \quad (2.2)$$

根据这一组电磁场边值关系,可以导出关于光波反射折射传播方向的反射定律和折射定律,以及光波反射折射振幅分配以及相位突变的菲涅耳公式.导出的具体过程在一般的电动力学教程中都有,有兴趣的读者可参阅,本书从略.下面给出菲涅耳公式:

$$\widetilde{E}'_{1s} = \frac{n_1 \cos i_1 - n_2 \cos i_2}{n_1 \cos i_1 + n_2 \cos i_2} \widetilde{E}_{1s} = -\frac{\sin(i_1 - i_2)}{\sin(i_1 + i_2)} \widetilde{E}_{1s}, \quad (2.3)$$

$$\widetilde{E}'_{1p} = \frac{n_2 \cos i_1 - n_1 \cos i_2}{n_2 \cos i_1 + n_1 \cos i_2} \widetilde{E}_{1p} = \frac{\tan(i_1 - i_2)}{\tan(i_1 + i_2)} \widetilde{E}_{1p}, \quad (2.4)$$

$$\widetilde{E}_{2s} = \frac{2 n_1 \cos i_1}{n_1 \cos i_1 + n_2 \cos i_2} \widetilde{E}_{1s} = \frac{2 \cos i_1 \sin i_2}{\sin(i_1 + i_2)} \widetilde{E}_{1s}, \quad (2.5)$$

$$\widetilde{E}_{2p} = \frac{2 n_1 \cos i_1}{n_2 \cos i_1 + n_1 \cos i_2} \widetilde{E}_{1p}. \quad (2.6)$$

(2.3)、(2.4)式是反射公式,(2.5)、(2.6)式是折射公式,式中的各场分量本应是场的瞬时值,但因为它们的时间频率总是相同的,故它们也可以看成是复振幅.(2.3)—(2.5)式给出两种表示,第一种是用折射率和角度表示,第二种仅用角度表示,在不同的情况下,用不同的公式讨论起来更为方便.

从菲涅耳公式可以看出:① 光波经反射折射后,复振幅的分配与两种介质的折射率 n_1, n_2 以及入射角 i_1 有关,这一点下面我们还将具体讨论;② 反射、折射的复振幅垂直入射面的分量(s 分量)仅与入射光的垂直入射面分量(s 分量)有关,与平行入射面分量(p 分量)无关;同样反射、折射光的 p 分量仅与入射光的 p 分量有关,与 s 分量无关,即反射折射的 s 振动和 p 振动互不交混.这一点具有深刻的寓意,它表明任意线偏振光波的电矢量可以分解为 s 分量和 p 分量两个特征振动,它们在反射、折射的传播过程中不会彼此转变,这不是人为随意选择的处理方法,而是由界面边值关系决定的基本事实.

2.3 反射率和透射率

- 三种含义不同的反射率和透射率
- 反射率和透射率随入射角和折射率的变化
- 斯托克斯倒逆关系

● **三种含义不同的反射率和透射率**

当一束光遇到两种折射率不同介质的界面时，一般说来一部分反射，一部分折射，为了说明反射和折射各占多少比例，通常引入反射率和透射率概念. 实际中根据不同的应用需要，引入三种含义不同的反射率和透射率，它们的定义和相互关系列于表 2-1 中.

表 2-1 三种反射率和透射率的定义和相互关系

	p 分量		s 分量	
振幅反射率	$\tilde{r}_p = \dfrac{\widetilde{E}'_{1p}}{\widetilde{E}_{1p}},$	(2.7)	$\tilde{r}_s = \dfrac{\widetilde{E}'_{1s}}{\widetilde{E}_{1s}},$	(2.8)
振幅透射率	$\tilde{t}_p = \dfrac{\widetilde{E}_{2p}}{\widetilde{E}_{1p}}$	(2.9)	$\tilde{t}_s = \dfrac{\widetilde{E}_{2s}}{\widetilde{E}_{1s}}$	(2.10)
光强反射率	$R_p = \dfrac{I'_{1p}}{I_{1p}} = \|\tilde{r}_p\|^2,$	(2.11)	$R_s = \dfrac{I'_{1s}}{I_{1s}} = \|\tilde{r}_s\|^2,$	(2.12)
光强透射率	$T_p = \dfrac{I_{2p}}{I_{1p}} = \dfrac{n_2}{n_1}\|\tilde{t}_p\|^2,$	(2.13)	$T_s = \dfrac{I_{2s}}{I_{1s}} = \dfrac{n_2}{n_1}\|\tilde{t}_s\|^2,$	(2.14)
光功率反射率	$\mathscr{R}_p = \dfrac{W'_{1p}}{W_{1p}} = R_p,$	(2.15)	$\mathscr{R}_s = \dfrac{W'_{1s}}{W_{1s}} = R_s,$	(2.16)
光功率透射率	$\mathscr{T}_p = \dfrac{W_{2p}}{W_{1p}} = \dfrac{\cos i_2}{\cos i_1} T_p,$	(2.17)	$\mathscr{T}_s = \dfrac{W_{2s}}{W_{1s}} = \dfrac{\cos i_2}{\cos i_1} T_s.$	(2.18)

下面对表中内容作几点说明：

(1) 光强 I 的含义是平均能流密度，根据(1.4)式

$$I = \frac{n}{2c\mu_0}|E|^2 \propto n|E|^2.$$

由于反射光和入射光在同一种介质中，因此光强反射率为 $R = |r|^2$，而透射光和入射光在不同的介质中，因此 $T = \dfrac{n_2}{n_1}|t|^2$.

(2) 光功率 W 等于光强 I 与光通截面 S 的乘积,由反射定律和折射定律可知,反射光束与入射光束的横截面相等,而折射光束与入射光束截面之比为 $\cos i_2 / \cos i_1$,因此有

$$\mathscr{R} = R, \quad \mathscr{T} = \frac{\cos i_2}{\cos i_1} T.$$

(3) 根据能量守恒,对于 p, s 分量分别有

$$W'_{1p} + W_{2p} = W_{1p}, \quad W'_{1s} + W_{2s} = W_{1s},$$

因此有

$$\mathscr{R}_p + \mathscr{T}_p = 1, \quad \mathscr{R}_s + \mathscr{T}_s = 1, \tag{2.19}$$

由此及上表中各式,还可得到

$$R_p + \frac{\cos i_2}{\cos i_1} T_p = 1, \quad R_s + \frac{\cos i_2}{\cos i_1} T_s = 1, \tag{2.20}$$

$$|r_p|^2 + \frac{n_2 \cos i_2}{n_1 \cos i_1} |t_p|^2 = 1, \quad |r_s|^2 + \frac{n_2 \cos i_2}{n_1 \cos i_1} |t_s|^2 = 1. \tag{2.21}$$

这表明**入射光强一般地并不等于反射光强与透射光强之和**,也就是说一般不存在 $R_p + T_p = 1$ 这样的等式,原因在于透射光束横截面与入射光束的横截面不等.

将菲涅耳公式代入振幅反射率和振幅透射率公式,可得 $\tilde{r}_s, \tilde{r}_p, \tilde{t}_s, \tilde{t}_p$ 的具体表达式,

$$\tilde{r}_s = \frac{n_1 \cos i_1 - n_2 \cos i_2}{n_1 \cos i_1 + n_2 \cos i_2} = -\frac{\sin(i_1 - i_2)}{\sin(i_1 + i_2)}, \tag{2.22}$$

$$\tilde{r}_p = \frac{n_2 \cos i_1 - n_1 \cos i_2}{n_2 \cos i_1 + n_1 \cos i_2} = \frac{\tan(i_1 - i_2)}{\tan(i_1 + i_2)}, \tag{2.23}$$

$$\tilde{t}_s = \frac{2 n_1 \cos i_1}{n_1 \cos i_1 + n_2 \cos i_2} = \frac{2 \cos i_1 \sin i_2}{\sin(i_1 + i_2)}, \tag{2.24}$$

$$\tilde{t}_p = \frac{2 n_1 \cos i_1}{n_2 \cos i_1 + n_1 \cos i_2}. \tag{2.25}$$

利用表中的其他公式,可进一步得出光强和光功率的反射率和透射率表达式.

- **反射率和透射率随入射角和折射率的变化**

当光束正入射时,$i_1 = i_2 = 0$,上述各式简化为

$$\tilde{r}_p = \frac{n_2 - n_1}{n_2 + n_1} = -\tilde{r}_s, \quad \tilde{t}_p = \tilde{t}_s = \frac{2n_1}{n_2 + n_1}, \quad (2.26)$$

而

$$R_p = R_s = \mathscr{R}_p = \mathscr{R}_s = \left(\frac{n_2 - n_1}{n_2 + n_1}\right)^2,$$

$$T_p = T_s = \mathscr{T}_p = \mathscr{T}_s = \frac{4n_1 n_2}{(n_2 + n_1)^2}. \quad (2.27)$$

考虑光束从空气($n_1=1.0$)正入射到玻璃($n_2=1.5$),则 $r_p=20\%$, $r_s=-20\%$, $R_p=R_s=\mathscr{R}_p=\mathscr{R}_s=4\%$, $t_p=t_s=80\%$, $T_p=T_s=\mathscr{T}_p=\mathscr{T}_s=96\%$.

图 2-2,图 2-3 分别给出光束从空气到玻璃和从玻璃到空气的振幅反射率曲线和光强反射率曲线. 可以看出,随着入射角的增大,s 分量的光强反射率总是单调上升的,而 p 分量光强反射率先是下降,在某个特殊角度 i_B 处降到 0,尔后再上升. 当入射角 $i_1 \to 90°$(光疏到光密,掠入射)或 $i_1 \to i_C$(i_C 为光密到光疏时的全反射临界角)时,p,s 两分量的反射率都急剧增大到 100%. 使 p 分量反射率为零的入射角 i_B 称为布儒斯特角(D. Brewster,1815 年),我们将在下面专门讨论它.

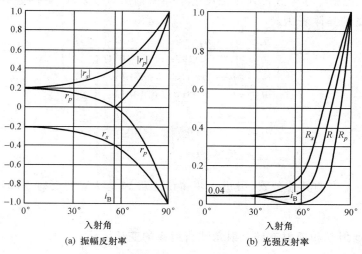

(a) 振幅反射率　　　(b) 光强反射率

图 2-2　空气到玻璃($n=1.50$)的反射率曲线

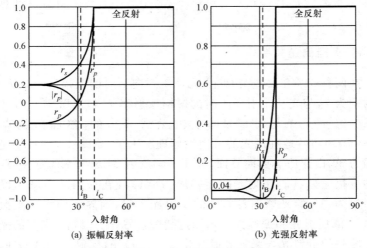

图 2-3 玻璃($n=1.54$)到空气的反射率曲线

例题 1 一束光以入射角 $i_1=60°$ 从空气射向玻璃界面,折射率 $n_1=1.0, n_2=1.5$,求 s 光和 p 光的光强反射率 R_s, R_p 和光强透射率 T_s, T_p.

解 $i_1=60°, \cos i_1=0.5, \cos i_2=\sqrt{1-\left(\dfrac{n_1}{n_2}\sin i_1\right)^2}=\dfrac{\sqrt{6}}{3}=0.82$,

代入(2.22)—(2.25)及(2.11)—(2.14)各式,算得

$$R_s=r_s^2\approx 0.178, \quad R_p=r_p^2\approx 0.002,$$

$$T_s=\frac{n_2}{n_1}t_s^2\approx 0.501, \quad T_p=\frac{n_2}{n_1}t_p^2\approx 0.609,$$

由此,对于 s 光,$(R_s+T_s)<1$,即 $(I'_{1s}+I_{2s})<I_{1s}$;对于 p 光,$(R_p+T_p)<1$,即 $(I'_{1p}+I_{2p})<I_{1p}$.这就是说反射光强与透射光强之和不等于入射光强,一般情形总是如此,这并不违背"能量守恒律",原因即如前所述,透射光束横截面与入射光束横截面不等.考虑了横截面因素,根据(2.15)—(2.18)式,可分别算出

$$\mathcal{T}_p=\frac{\cos i_2}{\cos i_1}T_p=1.64\times 0.609\approx 99.9\%, \quad \mathcal{R}_p=R_p=0.2\%,$$

$$\mathcal{T}_s=\frac{\cos i_2}{\cos i_1}T_s=1.64\times 0.501\approx 82.2\%, \quad \mathcal{R}_s=R_s=17.8\%.$$

可见 $\mathcal{T}_p+\mathcal{R}_p\approx 100\%$,$\mathcal{T}_s+\mathcal{R}_s\approx 100\%$,其中微小偏离来自数值计算的误差.

- **斯托克斯倒逆关系**

在两种介质 1,2 的界面上,光从 1 射向 2 时的振幅反射率为 $\tilde{r}$,透射率为 $\tilde{t}$,与光从 2 射向 1 时的振幅反射率 $\tilde{r}'$ 和透射率 $\tilde{t}'$ 有什么关系? 这个关系是可以从菲涅耳公式导出的,然而斯托克斯(J. Stokes)巧妙地利用光的可逆性原理解决了. 如图 2-4(a),一光束振幅为 A,由介质 1 射向界面,按照振幅反射率、透射率的定义,反射光的振幅应为 $A\tilde{r}$,折射光的振幅应为 $A\tilde{t}$. 现在如图 2-4(b),设想一振幅为 $A\tilde{r}$ 的光束逆着原先的反射光入射,到界面处将产生振幅为 $A\tilde{r}\tilde{r}$ 的反射光和振幅为 $A\tilde{r}\tilde{t}$ 的折射光,另外一振幅为 $A\tilde{t}$ 的光束逆着原先的折射光入射到界面处将产生 $A\tilde{t}\tilde{r}'$ 的反射光和 $A\tilde{t}\tilde{t}'$ 的折射光,按照光的可逆性原理,$A\tilde{r}\tilde{r}$ 和 $A\tilde{t}\tilde{t}'$ 应合成原来的入射光振幅 A,而 $A\tilde{r}\tilde{t}$ 和 $A\tilde{t}\tilde{r}'$ 应相互抵消,即

$$A\tilde{r}\tilde{r}+A\tilde{t}\tilde{t}'=A,$$
$$A\tilde{r}\tilde{t}+A\tilde{t}\tilde{r}'=0,$$

从而得

$$\tilde{r}^2+\tilde{t}\tilde{t}'=1, \qquad (2.28)$$
$$\tilde{r}'=-\tilde{r}. \qquad (2.29)$$

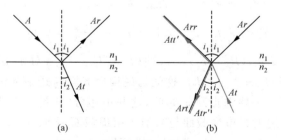

图 2-4 斯托克斯倒逆关系的推导

这两个关系式称为斯托克斯倒逆关系,它对于 p,s 两个分量均成立. 它们在讨论多光束干涉或多层介质膜问题中要用到.

由于光强是用振幅的平方来量度的,因此斯托克斯倒逆关系第

二式告诉我们,不管光从界面的一边入射还是从界面的另一边入射,只要二者的入射角关系相当于通常的入射角和折射角关系,两者的反射光强是相等的.然而公式中 $\tilde{r}$ 和 $\tilde{r}'$ 相差一个负号,意味着两种情形有相位 π 的差别,即从一边入射时,反射没有相位 π 的突变,则从另一边入射时,反射必有相位 π 的突变.下面我们将更深入地讨论相位突变问题.

2.4 相位关系和半波损问题

• 反射光的相位变化   • 反射相位突变与"半波损失"

● **反射光的相位变化**

菲涅耳公式中的 $\tilde{E}_1, \tilde{E}_1', \tilde{E}_2$ 是复振幅,$\tilde{r}$ 和 $\tilde{t}$ 也是复振幅的反射率和透射率:$\tilde{r}$ 的幅角是 $\tilde{E}_1'$ 和 $\tilde{E}_1$ 间的相位差,$\tilde{t}$ 的幅角是 $\tilde{E}_2$ 和 $\tilde{E}_1$ 间的相位差.从(2.24)、(2.25)式可看出 $\tilde{t}_s$ 和 $\tilde{t}_p$ 总是正实数,即它们的幅角是零,即 $\tilde{E}_2$ 与 $\tilde{E}_1$ 总是同相位的,而(2.22)、(2.23)式表明,$\tilde{r}_s, \tilde{r}_p$ 的幅角比较复杂,下面仔细加以分析.

(1) $n_1 < n_2$ 情形.根据折射定律,$i_1 > i_2$,此时不会发生全反射.(2.22)式中,$\sin(i_1 - i_2) > 0$,同时总有 $\sin(i_1 + i_2) > 0$,得 $\tilde{r}_s$ 始终为负,也就是说 E_{1s}' 与 E_{1s} 总有 π 的相位差,图示于图 2-5(a)中.而关于 p 分量,当入射角 i_1 较小时,i_2 也较小,且有 $i_1 > i_2$,此时 $\tan(i_1 - i_2) > 0$,此时 $i_1 + i_2 < \pi/2$,$\tan(i_1 + i_2) > 0$,因此 $\tilde{E}_{1p}'$ 与 $\tilde{E}_{1p}$ 的相位差为零;当入射角较大时,有 $\tan(i_1 - i_2) > 0$,而 $i_1 + i_2$ 有可能超过 $\pi/2$,则有 $\tan(i_1 + i_2) < 0$,此时 $\tilde{E}_{1p}'$ 与 $\tilde{E}_{1p}$ 的相位差为 π,图示于图 2-5(b)中.

相位差由 0 到 π 的转变点为 $i_1 + i_2 = \pi/2$ 处,此时 $\tilde{r}_p = 0$,此时的入射角正是前面提到的布儒斯特角 i_B.将 $i_1 = i_B$ 和 $i_2 = \pi/2 - i_B$ 代入折射定律 $n_1 \sin i_1 = n_2 \sin i_2$,即得

$$i_B = \arctan \frac{n_2}{n_1}. \tag{2.30}$$

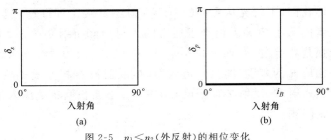

图 2-5 $n_1 < n_2$（外反射）的相位变化

（2）$n_1 > n_2$ 情形. 这时 $i_1 < i_2$，当 $i_1 \geq i_C$ 会发生全反射，全反射临界角 $i_C > i_B$，即布儒斯特角处尚未发生全反射. 当 i_1 由零经 i_B 增大到 i_C 时，$\tilde{r}_s$ 和 $\tilde{r}_p$ 的符号变化与外反射情形相反，即 $\tilde{E}'_{1p}$ 和 $\tilde{E}_{1p}$ 的相位差 δ_p 由原来的 π，在布儒斯特角突变到零，而 $\tilde{E}'_{1s}$ 和 $\tilde{E}_{1s}$ 的相位差 δ_s 始终等于零；当 $i_1 > i_C$ 时，$\tilde{r}_p$ 和 $\tilde{r}_s$ 将成为复数，这是因为当入射角大于临界角 i_C 发生全反射时，虽然折射定律形式上还可写成 $\sin i_2 = \dfrac{n_1}{n_2} \sin i_1$，但它大于 1，结果 $\cos i_2 = \sqrt{1 - \sin^2 i_2} = \sqrt{-1} \cdot \sqrt{\left(\dfrac{n_1}{n_2}\sin i_1\right)^2 - 1}$，即 $\tilde{r}_p$ 和 $\tilde{r}_s$ 中的 $\cos i_2$ 成为虚数. 由此可导出

$$\delta_p = 2\arctan \frac{n_1}{n_2} \frac{\sqrt{\left(\dfrac{n_1}{n_2}\sin i_1\right)^2 - 1}}{\cos i_1}, \tag{2.31}$$

$$\delta_s = 2\arctan \frac{n_2}{n_1} \frac{\sqrt{\left(\dfrac{n_1}{n_2}\sin i_1\right)^2 - 1}}{\cos i_1}. \tag{2.32}$$

δ_p 和 δ_s 当 $i_1 > i_C$ 由零单调增加到 π. 如图 2-6 所示.

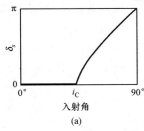
(a)

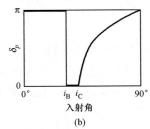
(b)

图 2-6 $n_1 > n_2$（内反射）的相位变化

2.4 相位关系和半波损问题

● 反射相位突变与"半波损失"

根据菲涅耳公式研究反射光的相位突变时,应注意公式中的正负号是相对于前面关于各光线的局部坐标架而言的. 无论对于 p 光或 s 光,当 $\delta=0$,即 $\tilde{r}$ 为正实数,表明反射光振动态与局部坐标架方向一致;当 $\delta=\pi$,即 $\tilde{r}$ 为负实数,表明反射光振动态与局部坐标架方向相反.

有时,需要比较反射光和入射光是否存在反射相位突变,有些书籍上用是否存在"半波损失"来说明,这容易引起一种误解,似乎需要去探求其产生的原因. 其实根本不存在这种产生原因的问题,它不过是电磁波在介质界面满足边值关系的自然结果. 因此"半波损失"不是一个科学的提法,把它叫做"半波跃变"也许更为恰当. 下面具体分析两个例子.

例题 1 分析正入射时,反射光束和折射光束的相位突变.

解 图 2-7 画出入射光、反射光和折射光的局部坐标架,反射光线和折射光线的坐标架用虚线表示,实际的反射光线和折射光线则在其右侧用实线表示. 根据菲涅耳公式,当 $n_1<n_2$ 时,$\tilde{r}_s<0$,$\tilde{r}_p>0$,$\tilde{t}_s>0$,$\tilde{t}_p>0$,反射光的 p 分量与坐标架相同,s 分量与坐标架相反,而折射光的 p 分量和 s 分量与坐标架相同;当 $n_1>n_2$ 时,$\tilde{r}_s>0$,$\tilde{r}_p<0$,$\tilde{t}_s>0$,$\tilde{t}_p>0$,反射光的 p 分量与坐标架相反,s 分量与坐标架相同,而折射光的 p 分量和 s 分量均与坐标架相同. 即与入射光相比

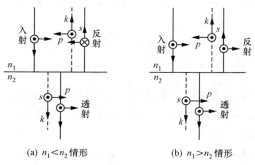

(a) $n_1<n_2$ 情形　　(b) $n_1>n_2$ 情形

图 2-7　正入射时的"半波跃变"

较,当 $n_1 < n_2$ 时,反射光中的 p 分量和 s 分量都与入射光相反,即存在"半波跃变";当 $n_1 > n_2$ 时,反射光的 p 分量和 s 分量都与入射光相同,即不存在"半波跃变".而折射光的 p 分量和 s 分量在两种情形下都与入射光相同,不存在"半波跃变".

例题 2 分析 $n_1 < n_2$ 情形掠入射时反射光中的 p 分量和 s 分量的相位突变.

解 在 $n_1 < n_2$ 时,$\tilde{r}_p < 0, \tilde{r}_s < 0$,按照上题的思考线索,可以看出反射光中 p, s 两分量都与入射光方向相反,即存在"半波跃变",如图 2-8 所示.

图 2-8 掠入射时的"半波跃变"

上面两个例题中可以讨论其中是否发生相位跃变,在一般斜入射的情形下,三光束的 p 分量成一定角度,因此,从相位的变化谈论是否存在半波跃变已没有意义,然而分析从平行平板介质上表面反射出来的两束光是否存在半波跃变仍然是有意义的,详见图 2-9.

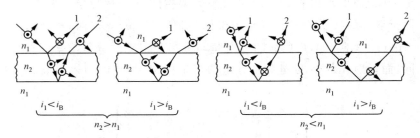

图 2-9 介质平板上下表面反射光束之间的半波跃变

在介质界面上是否存在半波跃变,对于某些光学问题会产生不同的光学效果.例如下一章要讨论光的干涉现象,干涉效果取决于两相干光束的实际光程差,而实际的光程差一方面由两光束的路程差确定,另一方面还由光传播时是否存在半波跃变确定,到时我们再作具体分析.

2.5 反射、折射时的偏振

由菲涅耳公式可知,p 分量与 s 分量的反射率和透射率一般是不同的,而且反射时还可能发生相位跃变,这样一来,反射光和折射光就会改变偏振态.例如入射的是自然光,则反射光和折射光一般是部分偏振光.特别是光束以布儒斯特角 i_B 入射的情形,由图 2-2 和图 2-3 可见,$\tilde{r}_p=0$,反射光中只有 s 分量,是线偏射光,其振动方向垂直于入射面,因此布儒斯特角 i_B 又称为全偏振角或起偏角;而此时折射光仍是部分偏振光,只是其偏振度达到最高.

反射、折射时的偏振现象有一些应用.例如要拍摄玻璃橱窗内的物品,橱窗玻璃反射而来的杂光使橱窗内的物品成像模糊不清.再如在海边沙滩上逆光拍摄景物时,海面上的强烈反射光使景物炫晕不清.这些反射光都是部分偏振光,垂直入射面的分量较强;当入射角接近布儒斯特角时,反射光近乎是线偏振光,其振动方向垂直于入射面.因此,可以在照相机镜头上加一个偏光镜.偏光镜就是一块偏振片.调节偏光镜的偏振化方向[①]与入射面平行,它可以非常有效地消除或减弱反射光,使成像清晰、柔和、层次丰富.图 2-10 是拍摄临街窗户的情形.左图是相机前未加偏光镜,街面上的景物历历在目;右图是相机前加了偏光镜消除反射光,显出室内空无一物.

图 2-10 消除反射光的效果对比

---

① 偏振片是一种光学器件,它能够较强地吸收掉自然光中一个方向的振动,而让其垂直方向的振动无所衰减地通过.这个光通过的振动方向称为偏振片的偏振化方向,详见 5.3 节.

2.6 全反射时的隐失波

- 隐失波函数
- 隐失波的穿透深度
- 隐失波的特点
- 隐失波的实验观察
- 隐失波的应用

● **隐失波函数**

如图 2-11，当入射角大于等于全反射临界角 i_C，将出现全反射现象，反射光强 I_1' 等于入射光强 I_1，而不存在折射光强 I_2，这是否意味着在介质 2 中光场为零？或者我们问，在全反射时，介质 2 中会呈现什么情景？我们就来讨论这个问题。

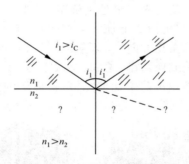

图 2-11　全反射时的透射场问题

折射波一般表示为
$$\widetilde{E}_2 = \widetilde{E}_{20}\, e^{i(\boldsymbol{k}_2 \cdot \boldsymbol{r} - \omega t)},$$
其中
$$k_2^2 = k_{2x}^2 + k_{2y}^2 + k_{2z}^2 \quad 且 \quad \boldsymbol{k}_2 \cdot \boldsymbol{r} = k_{2x}x + k_{2y}y + k_{2z}z,$$
考虑到我们所选用的坐标架（参看图 2-1），即 x 轴选在入射面内，则 $k_{2y}=0$，于是

$$\begin{aligned}
k_{2z} &= \sqrt{k_2^2 - k_{2x}^2} = \sqrt{k_2^2 - \sin^2 i_2 \cdot k_2^2} = \sqrt{n_2^2 - n_2^2 \sin^2 i_2} \cdot k_0 \\
&= \sqrt{n_2^2 - n_1^2 \sin^2 i_1} \cdot k_0.
\end{aligned} \tag{2.33}$$

式中用到 $\sin i_2 = \dfrac{k_{2x}}{k_2}$，$k_2 = \dfrac{n_2}{c}\omega = n_2 k_0$ 和折射定律 $n_1 \sin i_1 = n_2 \sin i_2$.

当 $n_1 \sin i_1 < n_2$，即入射角小于全反射临界角时，k_{2z} 为实数，此为正常情形，意味着介质 2 内有一折射行波，其传播方向为 $\boldsymbol{k}_2$；当 $n_1 \sin i_1 > n_2$ 时，即入射角超过临界角时，k_{2z} 为虚数，引入虚数单位 $\mathrm{i} = \sqrt{-1}$，改写 k_{2z}，

$$k_{2z} = \mathrm{i} k'_{2z}, \quad k'_{2z} = \sqrt{(n_1 \sin i_1)^2 - n_2^2} \cdot k_0, \tag{2.34}$$

k'_{2z} 为实数，最终导致超过临界角时透射波函数为

$$\widetilde{E}_2 = \widetilde{E}_{20} \cdot \mathrm{e}^{-k'_{2z} z} \cdot \mathrm{e}^{\mathrm{i}(k_{2x} x - \omega t)}. \tag{2.35}$$

其中第一个因子是复振幅矢量，由菲涅耳公式给出；第二个因子表明振幅沿 z 方向急剧衰减，并且失去空间周期性，也就失去波动性；第三个因子具有通常行波的时空周期性，它表示一列沿 x 方向传播的行波，这一特质的波称为**隐失波**.

- **隐失波的穿透深度**

隐失波是当入射角大于临界角发生全反射时存在于第二种介质的特质的波，其沿 z 方向急剧衰减. 隐失波的穿透深度 d 定义为使振幅衰减到原来的 $1/\mathrm{e}$ 的空间距离. 据此

$$d = \frac{1}{k'_{2z}} = \frac{\lambda_0}{2\pi \sqrt{(n_1 \sin i_1)^2 - n_2^2}}, \tag{2.36}$$

下面给出一组典型数据，$n_1 = 1.5$，$n_2 = 1.0$，则 $i_\mathrm{C} \approx 42°$，当

$$i_1 = 45°, \quad d = \frac{\lambda_0}{2};$$

$$i_1 = 60°, \quad d \approx \frac{\lambda_0}{5};$$

$$i_1 = 90°, \quad d \approx \frac{\lambda_0}{7}.$$

隐失波的穿透深度为一个波长量级.

- **隐失波的特点**

与通常行波比较，隐失波的特点可概括如下：

(1) 隐失波波矢的一个分量 k_{2x} 是实数,另一个分量 k_{2z} 为虚数,因此波矢分量 k_{2x} 的数值大于波矢总量,
$$k_{2x}=\sqrt{k_2^2-k_{2z}^2}>k_2.$$

(2) 隐失波的波动性仅体现在沿界面 x 方向为行波,而沿纵深 z 方向无波动性. 隐失波的等幅面与等相面两者正交,如图 2-12 所示. 这种凡是等相面与等幅面不重合一致的波称为非均匀波.

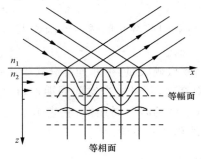

图 2-12　隐失波图像

(3) 隐失波的能流特征. 入射角超过临界角全反射时的实振幅反射率可证明等于 1. 当入射光 $i_1=i_C$ 时,$i_2=\pi/2$,$\cos i_2=0$,由 (2.22)、(2.23) 式直接得 $\tilde{r}_s=\tilde{r}_p=1$. 当入射光 $i_1>i_C$ 时,$\cos i_2$ 为虚数. 由 (2.22)、(2.23) 表示式容易看出 $\tilde{r}_s,\tilde{r}_p$ 的模为 1. 从而光强反射率和光功率反射率也等于 1,这表明入射光能流并未穿过界面进入第二介质[①];另一方面在第二介质中确实存在隐失波,这两者并不矛盾. 伴随着 x 方向行进的隐失波确有能量的传输,通常对于光束宽广的理想情形,能流来自左侧无限远传至右侧无限远,在靠近界面第二介质一侧的一薄层中行进,不存在沿 z 方向的能流,它们是建立稳定状态之初形成的. 对于实际的入射窄光束情形,反射光束相对于入射光沿界面有一平移,好像入射光束穿过界面透入第二种介质一薄层,尔后再入射回到第一种介质.

---

① 仔细的计算表明,能流实际上跨越界面往返流来流去,但是穿过界面的能流时间平均值恒为零.

2.6 全反射时的隐失波

- **隐失波的实验观察**

图 2-13 所示的实验可用来说明隐失波的存在和作用. 让一束光射入棱镜的一侧面,由于在棱镜斜面处 $i_1 > i_C$,发生全反射,全部光能从棱镜另一侧面射出,在入射直进方向没有光束射出. 如前所述,虽然在棱镜斜面处没有折射光束,但在极靠近斜面界面的空气层中存在隐失波. 现在再取一个棱镜,斜面相对地逐渐靠近第一个棱镜,在两棱镜离得稍远时,没有什么反应. 当两棱镜的间隙小到一定程度,会发现原全反射方向光强下降,而在入射直进方向上生成一束光,从第二棱镜射出. 进一步减小两棱镜的间隙,全反射光方向光强进一步减弱,而直进方向光强随之增强. 这一现象称为受抑全反射,是一种光学隧道效应,它来源于隐失波场,当第二个棱镜界面接近第一个棱镜界面而进入隐失波场时,便在第二个棱镜中生成一行波. 简言之,通过隐失波场的耦合,而改变了原来行波能量分配,它是证实隐失波场存在的有力证据.

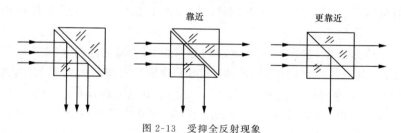

图 2-13 受抑全反射现象

- **隐失波的应用**

隐失波有一些原来意想不到的应用. 一种是通过全反射时透射区内隐失波的耦合,实现光波信号的转移和传输,目前已应用于导波光学,如图 2-14 所示. 一衬底上敷有一层薄薄的介质膜,旨在传输光信号. 如果在介质膜端面直接输入光信号,由于端面很薄导致明显的衍射效应(详见第 4 章),使这种输入效率很低,也就是说其衍射损耗很大,若采用如图 2-14 的方式,通过棱镜全反射生成隐失波的耦合,诱发出一列行波沿膜层方向传输,耦合效率大大提高,可达 80%.

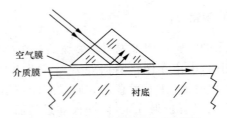

图 2-14 利用隐失波耦合实现光波导

另一种应用是制成近场扫描光学显微镜(near scanning optical microscope),缩写符号为 NSOM,它兴起于 20 世纪 80 年代,几乎与电子扫描隧道显微镜诞生于同期.

普通光学显微镜由于光的衍射效应的限制,其分辨极限大约是十分之几个波长,在可见光范围内达二三百个纳米.如果被观察样品的空间结构特征尺度小于此限,其细节的信息将全部丢失.但是这些信息却可保留在隐失波场内.如果设法用极细的探针在极近的距离内移动扫描,把这些信息搜集起来,是有可能突破显微镜分辨率的衍射极限的,在最好的情况下,探针的尺寸、扫描距离和分辨率都可小至一二十纳米.

应该指出,普通光学显微镜的分辨极限来源于同时记录各点信息,又由于各点状物衍射图样的非相干叠加造成细节信息抹平.而到 20 世纪下半叶科学技术的发展,在光、机、电三方面高精尖技术的成熟,这就有可能通过逐一扫描、分别提取细节信息,再通过计算机的合成处理,获得优于普通光学显微镜的效果.NSOM 的工作流程如图 2-15 所示.一个待测的表面微结构样品紧贴于棱镜上界面,光束从棱镜一侧面入射,在上界面发生内全反射,因而在样品及其邻近区域存在一隐失场,一光纤探针接近样品表面,通过隐失场耦合,针尖响应一光强输出;接着,由光电倍增管、(x,y,z) 三维运动机构、反馈和压电晶体管,构成一个横向 (x,y) 扫描和纵距测控系统,以保证在二维扫描过程中针尖与样品表面的距离精确地维持不变.由于隐失场振幅随纵向距离 z 按指数衰减,反应相当敏感,当样品表面有精微起伏,测控系统便产生一控制信号,使针尖适时升降.于是,我们从控制信号中获得样品表面的形貌图像.

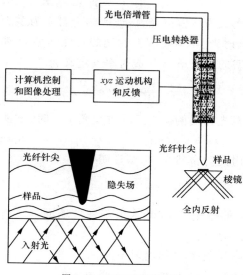

图 2-15 NSOM 工作流程

习 题

2.1 菲涅耳公式有两种表示形式,如(2.22)—(2.25)式所示. 试从上述公式的前一种表示式导出后一种表示式.

2.2 光矢量与入射面之间的夹角称为振动方位角. 设入射的线偏振光的方位角为 α_1,而入射角为 i_1,折射角为 i_2. 试证明,反射线偏振光的方位角 α_1' 和折射线偏振光的方位角分别由以下两式给出:

$$\tan\alpha_1' = -\frac{\cos(i_1-i_2)}{\cos(i_1+i_2)}\tan\alpha_1,$$

$$\tan\alpha_2 = \frac{n_2\cos i_1 + n_1\cos i_2}{n_1\cos i_1 + n_2\cos i_2}\tan\alpha_1 = \cos(i_1-i_2)\tan\alpha_1.$$

2.3 一束线偏振光从空气入射到玻璃表面上,其入射角恰巧为布儒斯特角,而方位角为 20°,试求反射线偏振和折射线偏振的方位角 α_1' 和 α_2. 设玻璃折射率为 1.56.

2.4 试计算:

(1) 光从空气入射于水面的布儒斯特角 i_B,水的折射率为 4/3;

(2) 一束自然光从水入射于某种玻璃表面上,当入射角为 50.82°时反射光成为线偏振光,该玻璃的折射率为多少?

2.5 设入射光、反射光和折射光的总光功率分别为 W_1, W_1' 和 W_2,则总光功率的反射率 $\mathscr{R}$ 和透射率 $\mathscr{T}$ 定义为

$$\mathscr{R} = \frac{W_1'}{W_1}, \quad \mathscr{T} = \frac{W_2}{W_1}.$$

(1) 当入射光为线偏振光且其方位角为 α 时,试证明

$$\mathscr{R} = \mathscr{R}_p \cos^2\alpha + \mathscr{R}_s \sin^2\alpha, \quad \mathscr{T} = \mathscr{T}_p \cos^2\alpha + \mathscr{T}_s \sin^2\alpha;$$

(2) 当入射光为自然光时,试证明

$$\mathscr{R} = \frac{1}{2}(\mathscr{R}_p + \mathscr{R}_s), \quad \mathscr{T} = \frac{1}{2}(\mathscr{T}_p + \mathscr{T}_s).$$

2.6 一线偏振光以 45°角入射于一玻璃面,其方位角为 60°,玻璃折射率为 1.50. 求:

(1) 光功率反射率 $\mathscr{R}$ 和透射率 $\mathscr{T}$;

(2) 若改为自然光入射,$\mathscr{R}$ 和 $\mathscr{T}$ 变为多少?

2.7 如图所示,一束自然光入射于一平板玻璃,现观测到反射光强 $I_1 = 0.1 I_0$. 求:

(1) 图中标出的各光束 2,3,4 的光功率 W_2, W_3, W_4 为多少?设最初入射光功率为 W_0,忽略吸收;

(2) 若要求出光强比 I_2/I_0 还应当给出什么条件?

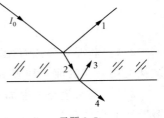

习题 2.7

2.8 在光于介质表面的反射和折射实验中,获得以下测量数据:入射角 $i_1 \approx 75°$,折射角 $i_2 \approx 40°$,总光强反射率 $R \approx 30\%$,试求出:

(1) 总振幅反射率 r,总光功率反射率 $\mathscr{R}$;

(2) 总光功率透射率 $\mathscr{T}$,总光强透射率 T 和总振幅透射率 t;

(3) 这入射光是自然光吗?它可能是何种偏振态?

2.9 玻璃的折射率为 1.64,取三块平板玻璃叠放在一起,用一束自然光以布儒斯特角 i_B 入射:

（1）最终从这玻片组透射出来的光的偏振度 P 为多少？

（2）其中所含 s 光的强度 I_s 与 I_p 之比值为多少？

2.10 一束自然光由空气射到火石玻璃上，获得的反射光是线偏振光，测得在火石玻璃内的折射光的折射角为 $30.2°$，则火石玻璃的折射率为多少？

2.11 水的折射率为 1.33，玻璃的折射率为 1.50，当光由水中射向玻璃而反射时，起偏角为多少？当光由玻璃射向水而反射时，起偏振角又为多少？这两个起偏振角的数值有什么关系？

2.12 自然光以 $57°$ 角入射到空气-玻璃（折射率 1.54）界面上，由计算知，垂直入射面的分量的振幅透射率为 59.3%，平行入射面的分量的振幅透射率为 64.9%．试计算反射光和透射光的偏振度．

2.13 一般偏振片的偏振化方向并未明确标出，你根据反射折射时的偏振现象如何确定其偏振化方向？

2.14 推导全反射时的相移公式(2.31)、(2.32)．

2.15 玻璃的折射率为 1.68，波长为 633 nm 的激光自玻璃射向空气．当入射角为 $45°$ 或 $75°$ 时，在透射区的隐失波的穿透深度 d_1 或 d_2 为多少？

3 光 的 干 涉

3.1 概述
3.2 光波的叠加和干涉
3.3 分波前干涉——杨氏干涉实验
3.4 其他分波前干涉装置
3.5 分振幅干涉——薄膜干涉的一般问题
3.6 等倾干涉
3.7 等厚干涉
3.8 薄膜干涉应用举例
3.9 迈克耳孙干涉仪和马赫-曾德尔干涉仪
3.10 光场的空间相干性和时间相干性
3.11 维纳实验
3.12 多光束干涉

3.1 概 述

干涉是波动所特有的现象.当两列波重叠时,在一定条件下,在空间形成稳定的强度周期性分布,这种现象叫做干涉.强度分布的周期性与描述波动空间周期性的波长密切有关,观察到干涉现象就说明其中存在波动过程,因此干涉现象是波动强有力的证据之一.图 3-1 是两个点源的水面波形成的干涉,其中两水面波振动相长和相消的情形清晰可见.光也有干涉现象,如水面上油膜、肥皂泡、昆虫翅翼以及某些鸟羽等呈现的彩色花纹,说明光是波动.

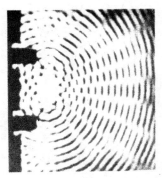

图 3-1 两水面波的干涉

光的干涉有着重要而广泛的应用.

3.2　光波的叠加和干涉

- 波的叠加原理
- 相干叠加
- 两个相干点波源的干涉
- 非相干叠加
- 实现光干涉的条件

● **波的叠加原理**

通常波的传播遵从独立传播原理,即波在空间的传播不会因同时存在其他的波而受到影响.因此,在两列波重叠区内的任意一点 P 的合成振动为两列波单独存在时在该点引起的振动的合成,即
$$U(P) = U_1(P) + U_2(P), \tag{3.1}$$
式中 $U(P)$ 是两列波同时存在时 P 点的合成振动,$U_1(P)$ 和 $U_2(P)$ 分别是两列波单独存在时 P 点的振动,这就是**波的叠加原理**.

应该说明,波的独立传播原理和叠加原理并不总是成立的,其适用性是有条件的.通常当波的强度非常大,在一定的介质中会出现违背独立传播原理和叠加原理的情形,例如现在有一种变色眼镜(玻璃),当光照比较暗时,它是无色透明的;而当强光照射时,它就变成有色的,对光产生较强的吸收.因此,当人们隔着这种变色眼镜观看景物时,旁边是否存在强光的照射,观看到的景象是不同的.这种违反独立传播和叠加原理的效应称为"非线性效应",我们现在不讨论这种现象.

● **相干叠加**

考虑频率相同、振动方向相同、具有恒定初相位的两列波的叠加,设这两个点波源发出的球面波可分别表示为
$$U_1(P,t) = A_1 \cos\left[\omega t - \frac{2\pi r_1}{\lambda} + \varphi_1\right], \tag{3.2}$$
$$U_2(P,t) = A_2 \cos\left[\omega t - \frac{2\pi r_2}{\lambda} + \varphi_2\right], \tag{3.3}$$

式中 φ_1, φ_2 分别是两个点波源的初相位，r_1, r_2 是空间某点 P 分别到两个点波源的距离，A_1 和 A_2 分别是两个波传播到 P 点振动的振幅。根据同方向同频率简谐振动合成公式[①]可得在 P 点两振动叠加的合成振动仍是一个同频简谐振动，其振幅 A 满足

$$A^2 = A_1^2 + A_2^2 + 2A_1 A_2 \cos\delta.$$

由于在同一种介质内折射率处处相同，由(1.4)式得强度与振幅平方成正比。于是 P 点振动的强度为

$$I = I_1 + I_2 + 2\sqrt{I_1 I_2} \cos\delta, \tag{3.4}$$

式中

$$\delta = \frac{2\pi}{\lambda}(r_2 - r_1) - (\varphi_2 - \varphi_1), \tag{3.5}$$

I_1, I_2 分别为两列波单独存在时在 P 点的强度。从(3.4)式可以看出，P 点的强度不仅与两列波在该点的强度 I_1 和 I_2 有关，还取决于传播到该点的两个振动的相位差 δ。对于确定的 P 点，I_1, I_2 是确定的，δ 也是确定的，P 点有确定的强度。不同的 P 点，强度随 δ 作周期性的变化。于是在两列波重叠区域内形成稳定的强度周期性分布，这就是波的干涉。

两列波叠加造成重叠区域内强度重新分布，形成稳定的周期性分布，即形成干涉，这种叠加称为相干叠加。**相干叠加的(必要)条件是两列波频率相同、振动方向相同、具有稳定的相位关系**。满足此相干条件的波源称为**相干波源**。(3.4)式中的第三项决定了强度的周期性分布，称为**干涉项**。

需要指出，相干叠加的强度满足(3.4)式，或者强度满足(3.4)式则为相干叠加(干涉)，而强度的周期性分布并不是干涉的本质特征，后面我们将会看到这样的例子。

- **两个相干点波源的干涉**

两相干点波源在空间造成的强度分布由(3.4)和(3.5)式决定。为简单起见，考虑两个点波源的初相位相等，即 $\varphi_1 - \varphi_2 = 0$，两列波

---

① 参看《大学物理通用教程·力学》(第二版)，北京大学出版社，2010，§8.9.

在 P 点振动的相位差则为

$$\delta = \frac{2\pi}{\lambda}(r_2 - r_1),$$

相位差仅由 (r_2-r_1) 决定,因而干涉的强度由 (r_2-r_1) 决定.

当 $r_2-r_1=k\lambda$,k 为整数,相位差 $\delta=2k\pi$,则 P 点的强度 $I_{max}=I_1+I_2+2\sqrt{I_1I_2}$,强度极大;当 $r_2-r_1=\left(k+\frac{1}{2}\right)\lambda$,相位差 $\delta=(2k+1)\pi$,则 $I_{min}=I_1+I_2-2\sqrt{I_1I_2}$,强度极小. 这从物理上很好理解,当两列波传播到某点的两振动相位差为 2π 的整数倍时,振动状态相同,步调一致,振动相长,该点的振幅极大;当两列波传播到某点的两振动相位差为 $(2k+1)\pi$ 时,振动状态相反,步调相反,振动相消,该点的振幅则极小.

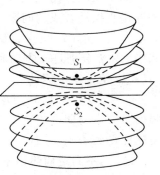

r_2-r_1 相同的点,干涉情况相同. 从数学上可知,$r_2-r_1=$ 常数的点的轨迹是以两波源为焦点的回转双曲面,因此两个相干点波源在空间造成的强度分布图像如下:在以两波源为焦点的周围可以作出一系列的回转双曲面,这些回转双曲面犹如一摞深浅不同的盘子叠在一起. 在同一个回转双曲面上,$r_2-r_1=$ 常数,干涉的情况相同,强度极大和强度极小的回转双曲面交替地叠在一

图 3-2 两个相干点波源的干涉

起,如图 3-2 所示. 如果我们是在一个平面内观察干涉的强度分布,就是用该平面同这些回转双曲面相截. 当该平面与两个焦点连线平行时,平面与回转双曲面的截线是一组双曲线,强度交替分布;当该平面与两个焦点连线垂直时,平面与回转双曲面的截线是一组同心圆,强度交替分布.

- **非相干叠加**

不满足前述相干叠加三条件之一者均为非相干叠加.

如果两波源的振动相位差不是固定的,例如是无规的随机分布,

$\varphi_2-\varphi_1$ 可取任意值,则空间固定点 P 的强度可取 $I_{\max}$ 与 $I_{\min}$ 之间的任意值,且随时间随机变化.实际观察到的效果是强度对时间的平均值.由于 $\varphi_2-\varphi_1$ 可取任意值,从而 δ 可取任意值,于是(3.4)式对时间的平均中,$\overline{\cos\delta}=0$,得

$$\bar{I}=I_1+I_2, \tag{3.6}$$

即空间任意一点 P 的强度等于两列波单独存在时在该点引起的强度之和.(3.6)式是非相干叠加的特征,强度分布中没有干涉项,强度不会发生重新分布,一般地也不会出现强度的周期性分布.

如果两波源的频率不同,相当于两列波振动相位差连续变化取任意值,空间固定点 P 的强度连续变化,对时间求平均,由于 $\overline{\cos\delta}=0$,同样得 $\bar{I}=I_1+I_2$.

如果振动方向相互垂直,没有互相平行的振动分量,叠加是一个相互垂直振动合成的问题,

$$\boldsymbol{U}=U_1\boldsymbol{i}+U_2\boldsymbol{j},$$

式中 $\boldsymbol{i}$ 和 $\boldsymbol{j}$ 分别是 x 方向和 y 方向的单位矢量,由于 $\boldsymbol{i}\cdot\boldsymbol{i}=1, \boldsymbol{j}\cdot\boldsymbol{j}=1, \boldsymbol{i}\cdot\boldsymbol{j}=\boldsymbol{j}\cdot\boldsymbol{i}=0$,因此

$$\boldsymbol{U}^2=(U_1\boldsymbol{i}+U_2\boldsymbol{j})\cdot(U_1\boldsymbol{i}+U_2\boldsymbol{j})=U_1^2+U_2^2.$$

强度是一个周期内能流密度的平均值,而能流密度与 U^2 成正比,于是同样得到 $\bar{I}=I_1+I_2$.

总之,**不满足前述相干叠加的三条件之一者均为非相干叠加**,强度为 $I=I_1+I_2$.

- **实现光干涉的条件**

通常房间里两盏灯照射在墙上,我们的经验是墙的明亮程度是两盏灯单独照射时亮度的和,从来没有发现墙上会出现亮暗相间的周期性强度分布,这说明通常两束光的叠加是非相干叠加,其原因主要来自两个独立光源的初相位差是不固定的.

前面 1.2 节已经指出,原子在能级跃迁时,发出的光波不是一个无限长的连绵不断的简谐波,而是一些断断续续的波列,不同波列的初相位值各不相同,完全是随机的.

两个独立的光源,甚至同一光源的不同部分发出的断断续续的

波列之间没有固定的相位关系,它们的相位差是无规的,可取任意值.因此当这样的两波列叠加时,在空间固定点引起的强度作无规变化,而且变化的时间间隔非常短,小于 10^{-8} s,即每秒钟变化 10^8 次以上,这种变化无论是人眼观察,还是仪器接收都不能觉察到,实际观察到的是一定时间内的平均效果,因而有 $\overline{\cos\delta}=0$,则 $I=I_1+I_2$.这就是说普通两个光源发出的光或光源的不同部分发出的光的叠加均为非相干叠加,不存在干涉现象.

为了实现光波的干涉,可以采用某些方法将同一光源发出的光波分成两束,在空间经过不同的路径再重叠起来,由于它们是来自同一光源点的,虽然光源点先后发出的各断续波列之间没有固定的相位关系,但是由它分出来的两束光波中各相应波列之间具有固定的相位关系,因而这两束光可以满足相干条件,实现干涉.当然这两束光不能分开得在空间相距太远,以致它们相遇时超过一个断续波列的长度,这样就变得没有固定的相位关系而不能形成干涉了.

对于波列长度很长的新型激光光源,可实现两个独立光源的光波干涉.

实现光波干涉的装置基本上分成两大类:分波前干涉和分振幅干涉.

3.3 分波前干涉——杨氏干涉实验

• 杨氏干涉装置及干涉强度分布　　　　• 进一步说明

● **杨氏干涉装置及干涉强度分布**

杨氏于 1801 年做了如下的实验,并测定了光的波长,为光的波动说奠定了基础.其装置如图 3-3 所示.在实际的单色光源前面放一个小孔 S,S 即为一个很好的点光源.S_1,S_2 为对称放置的两个相距为 d 的小孔,从光源 S 来的光在双孔 S_1,S_2 处形成新的振动中心,它们发出的次波在双孔右侧的空间叠加.由于这两个次波来自同一点光源 S,它们是相干的,在双孔右侧空间形成干涉场.S_1,S_2 就是两相干点光源.由于 S_1,S_2 是从波面的不同部分截取出来的,故称为

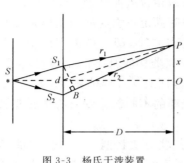

图 3-3 杨氏干涉装置

分波前干涉. 干涉场里任意一点 P 的光的强度为

$$I(P) = I_1 + I_2 + 2\sqrt{I_1 I_2}\cos\delta, \tag{3.4}$$

式中 I_1, I_2 分别为相干光源的光波传播到 P 点产生的强度, δ 为相干光源的光波传播到该点两振动的相位差. 前面已经指出在干涉场区内形成强度具有强弱的周期性分布, 振动相长和振动相消的位置相间地出现在以相干光源连线为轴的一系列回转双曲面上. 这些回转双曲面与观察屏幕的交线是一组双曲线. 由于光波的波长很短, 这些回转双曲面十分平坦, 因而这些双曲线也是非常平直的, 在屏幕上观察到的是一些亮暗相间的平行直线型的干涉条纹, 它们与纸面垂直.

下面我们计算亮纹和暗纹的位置以及条纹的间距. 由于 S_1, S_2 处于对称位置, S_1, S_2 的振动相位显然是相同的, 因而到达 P 点的两振动的相位差

$$\delta = \frac{2\pi}{\lambda}(r_2 - r_1).$$

如果计及介质的折射率, 上式中的 λ 为介质中的波长, 下面用 λ' 表示, 则

$$\delta = \frac{2\pi}{\lambda'}(r_2 - r_1) = \frac{2\pi}{\frac{\lambda}{n}}(r_2 - r_1) = \frac{2\pi}{\lambda}(nr_2 - nr_1) = \frac{2\pi}{\lambda}\Delta, \tag{3.7}$$

式中 λ 是光在真空中的波长, nr_2 或 nr_1 分别是相应于 r_2 或 r_1 的光程, $\Delta = (nr_2 - nr_1)$ 是相干点光源到场点 P 的光程差, $\delta = \frac{2\pi}{\lambda}\Delta$ 是相位差与光程差的一个普遍关系.

当光程差 $\Delta = k\lambda$, 相位差 $\delta = 2k\pi$, 振动相长, 强度达到极大, 是亮纹满足的条件; 当光程差 $\Delta = \left(k + \frac{1}{2}\right)\lambda$, 相位差 $\delta = (2k+1)\pi$, 振动

相消,强度极小,是暗纹满足的条件.

为了具体计算亮纹和暗纹的位置,需要计算光程差.如图 3-3 所示,设双孔之间的距离为 d,幕到双孔之间的距离为 D,实际的情况是 $d \ll D$,而且观察到的干涉条纹的范围也不大,即 $x \ll D$,从 S_1 到 $S_2 P$ 作垂线 $S_1 B$,考虑到介质的折射率为 $n=1$,在上述近似条件下,到达 P 点的两个振动的光程差

$$\Delta = r_2 - r_1 \approx S_2 B \approx \frac{d}{D} x. \tag{3.8}$$

当 $\Delta = k\lambda$,干涉强度极大,因此亮纹的位置满足

$$x = \frac{D}{d} k\lambda, \quad k = 0, \pm 1, \pm 2, \cdots, \tag{3.9}$$

k 称为干涉的级次;当 $\Delta = \left(k + \frac{1}{2}\right)\lambda$,干涉强度极小,因此暗纹的位置满足

$$x = \frac{D}{d}\left(k + \frac{1}{2}\right)\lambda, \quad k = 0, \pm 1, \pm 2, \cdots. \tag{3.10}$$

相邻亮纹或相邻暗纹的级次相差 1,由此得相邻条纹的间距为

$$\Delta x = \frac{D}{d} \lambda. \tag{3.11}$$

这表明杨氏双孔干涉条纹是等间距的平行直条纹.实际的光波波长 $\lambda \approx 6 \times 10^{-7}$ m,$D \approx 1$ m,$\Delta x \approx 10^{-3}$ m,则 $d \approx 0.6$ mm,反过来,实际测量了干涉条纹的间距,可以计算出光波的波长.

在杨氏双孔干涉实验中,双孔的大小相同,光通过双孔分别到达幕上的强度可认为相等,即 $I_1 = I_2 = I_0$,将相位差和光程差的普遍公式(3.7)以及(3.8)式代入(3.4)式,可以得幕上干涉强度分布公式

$$I = 2I_0 \left(1 + \cos\frac{2\pi}{\lambda}\Delta\right) = 4I_0 \cos^2\left(\frac{\pi}{\lambda}\Delta\right)$$
$$= 4I_0 \cos^2\left(\frac{\pi d}{\lambda D} x\right). \tag{3.12}$$

幕上的干涉强度分布如图 3-4 所示.

图 3-4 杨氏双孔干涉的强度分布

例 1 在杨氏干涉装置中,双孔间距 $d=0.233$ mm,屏幕至双孔的距离 $D=100$ cm.用单色光作光源,测得条纹间距 $\Delta x=2.53$ mm. 求单色光的波长.

解 按(3.11)式,单色光的波长

$$\lambda = \frac{d}{D}\Delta x = \frac{0.0233}{100} \times 0.253 \text{ cm} = 5.89 \times 10^{-5} \text{ cm} = 589 \text{ nm}.$$

• **进一步说明**

(1) 如果采用不同波长的光做杨氏干涉实验,形成的干涉条纹的间距不同,波长愈长,条纹间距愈大,但是它们的零级亮纹的位置都相同,在幕的中央.因此若采用白光光源,其中包含各种波长的色光,形成各种色光的许多套干涉条纹.它们的零级亮纹都在幕的中央,重叠在一起,其他各级亮纹因间距不同而彼此错开,蓝紫光的波长短,条纹间距小;红光的波长长,条纹间距大,如图 3-5 所示.由于不同波长的光是非相干的,在幕上观察到的就是这些不同彩色的干涉强度的直接相加,在幕的中央仍然是各种色光的零级亮纹的混合,是白色的,两边对称分布着由蓝紫而红的彩色条纹数根,再远由于各种彩色亮纹交错重叠得杂乱而不显条纹.

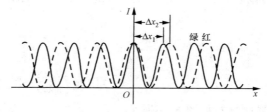

图 3-5 不同色光形成的干涉条纹

例 2 借助于滤光片从白光中滤出蓝绿色光作为杨氏干涉装置的光源,其波长范围 $\Delta\lambda = 100$ nm,平均波长 $\lambda = 490$ nm. 试估算从第几级开始条纹变得无法辨认?

解 各种不同波长的干涉亮纹交错重叠得杂乱而不显条纹的条件是波长为 $\lambda + \Delta\lambda/2$ 的成分的 k 级亮纹与波长为 $\lambda - \Delta\lambda/2$ 的成分的 $k+1$ 级亮纹相重合. 由于两成分在此时有相同的光程差,因此条纹消失的条件是

$$\Delta = k\left(\lambda + \frac{\Delta\lambda}{2}\right) = (k+1)\left(\lambda - \frac{\Delta\lambda}{2}\right),$$

于是

$$k\Delta\lambda = \lambda - \frac{\Delta\lambda}{2},$$

近似有

$$k = \frac{\lambda}{\Delta\lambda},$$

代入数据

$$k = \frac{490}{100} = 4.9.$$

所以从第 5 级开始干涉条件交错重叠而不可辨认.

(2) 杨氏当初实验时采用的不是孔,而是缝,S 是一细狭缝,S_1 和 S_2 是与 S 平行的双缝. 可以把双缝看成是由许多双孔组成的. 由于双缝平行,这些双孔的间距都是 d,形成的干涉条纹间距都相同,而且零级亮纹在中央重叠. 叠加的结果是增强了干涉效果,亮的条纹更亮.

(3) 如果针孔光源的位置不在对称轴上,而是横向移动一点,对干涉条纹有何影响?如图 3-6 所示,设光源 S 偏离对称轴向上运动到 S',则光波到达 S_1,S_2 处引起的初相位 φ_1,φ_2 不同. 我们也可以从光源 S' 起计算光程差,在光源 S' 上的初相位总是同一的,于是光程差为

$$\Delta = R_2 - R_1 + r_2 - r_1 \approx \frac{d}{R}\xi + \frac{d}{D}x, \qquad (3.13)$$

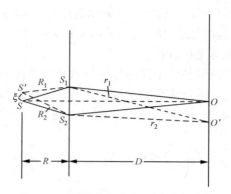

图 3-6　光源横向移动对干涉条纹的影响

这表明在原来的光程差公式中叠加一个常数项 $\dfrac{d}{R}\xi$. 于是干涉零级亮纹的位置在 $\Delta=0$,即 $x=-\dfrac{D}{R}\xi$ 处,而条纹间距仍为 $\dfrac{D}{d}\lambda$ 不变.也就是说,当光源 S 偏离对称轴向上运动 ξ,干涉条纹整体向下平移 $\Delta x'=\dfrac{D}{R}\xi$,条纹间距 $\Delta x=\dfrac{D}{d}\lambda$ 不变.

（4）光源宽度对干涉条纹的影响.可以将一定宽度的光源看成许多不相干的光源点所组成,每一光源点在幕上形成一套干涉条纹,它们彼此有一定的平移.整个光源在幕上引起的强度是这些干涉强度的非相干叠加的结果.在幕上观察到的效果可用干涉条纹的衬比度加以描述.干涉条纹的衬比度定义为

$$\gamma=\frac{I_{\max}-I_{\min}}{I_{\max}+I_{\min}}, \tag{3.14}$$

式中 $I_{\max}$ 是亮纹的强度,$I_{\min}$ 是暗纹的强度.当光源 S 为点光源时,$I_{\min}=0$,则干涉条纹的衬比度 $\gamma=1$;当光源有一定的宽度,并且宽度不大时,各套干涉条纹非相干叠加的结果,$I_{\min}\neq 0$,则 $\gamma<1$,干涉条纹的衬比度下降;当光源的宽度为 b,条纹的移动 $\dfrac{D}{R}b$ 达到或超过条纹的间距 $\dfrac{D}{d}\lambda$ 时,各光源点产生的干涉条纹填平补齐,非相干叠加的结果,造成均匀的强度,衬比度 $\gamma=0$,没有干涉条纹,如图 3-7 所示.

因此,只有当光源的宽度 $b < \dfrac{R}{d}\lambda$ 时才能形成干涉条纹. 杨氏实验中光源 S 用针孔和细缝的道理就在于此.

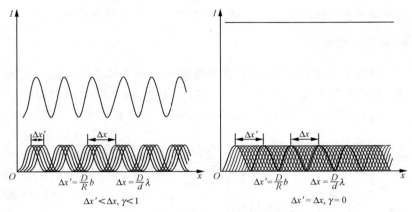

图 3-7 光源宽度对干涉条纹的影响

例 3 一杨氏干涉装置以太阳为光源,当双缝的间距增大到 $59~\mu m$ 时,干涉条纹消失. 光的有效波长为 $0.55~\mu m$,太阳到地球的距离为 1.5×10^8 km. 求太阳对地球的视角和太阳的直径.

解 干涉条纹的消失是因为光源(即太阳)有一定的宽度 b 致使干涉条纹的移动 $\dfrac{D}{R}b$ 达到条纹的间距 $\dfrac{D}{d}\lambda$,由此

$$\frac{D}{R}b = \frac{D}{d}\lambda,$$

因此太阳的视角为

$$\varphi = \frac{b}{R} = \frac{\lambda}{d} = \frac{5.5\times10^{-7}}{5.9\times10^{-5}} = 0.0093~\text{rad},$$

太阳的直径

$$b = R\cdot\varphi = 1.5\times10^8\times0.0093~\text{km} = 1.4\times10^6~\text{km}.$$

这里叙述的是一种测量星体直径的方法,所得的结果与实际太阳的直径相差无几,3.10 节介绍的星体干涉仪是其进一步的发展.

3.4 其他分波前干涉装置

• 菲涅耳双面镜　　• 菲涅耳双棱镜　　• 劳埃德镜

● **菲涅耳双面镜**

杨氏实验之后,反对意见认为他观察到的干涉条纹可能是光通过双缝时发生的复杂变化,而不是由于干涉,因此波动说仍被人怀疑.不久,菲涅耳等人做了几个新的实验,推动了波动说的发展.

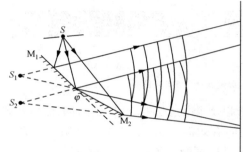

图 3-8 菲涅耳双面镜

菲涅耳双面镜如图 3-8 所示,两块平面反射镜 M_1,M_2 之间的夹角 φ 很小,S 是与 M_1,M_2 两面交线平行的狭缝,用单色光照明作为缝光源.从光源 S 发出的光一部分在 M_1 上反射,另一部分在 M_2 上反射,所得的两束光重叠;它们来自同一光源,是相干的,在它们的重叠区内可产生干涉.S_1 和 S_2 是光源在两反射镜内的虚像,它们是相干光源,相当于杨氏干涉实验的双缝.前面对于杨氏干涉条纹特征的分析在这里也完全适用.调节夹角 φ 可改变 S_1 和 S_2 之间的距离,从而改变幕上干涉条纹的疏密情形.

● **菲涅耳双棱镜**

菲涅耳双棱镜由两个顶角很小、底面相接的薄棱镜组成,实际上由整块玻璃磨制而成,剖面如图 3-9 所示.缝光源 S 与双棱镜的棱脊平行.从光源 S 发出的光一部分经棱镜 P_1 折射,另一部分经棱镜 P_2 折射,S_1,S_2 是 S 对双棱镜所成的虚像.折射的两束光好像是从 S_1,S_2 直接发射出的,它们来自同一光源,S_1 和 S_2 是相干光源,在光波的重叠区内可形成干涉.其干涉条纹的特征可以作同样的分析.

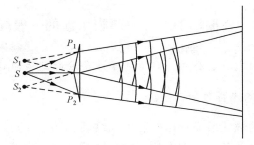

图 3-9 菲涅耳双棱镜

- **劳埃德镜**

劳埃德镜是由一块普通平板玻璃制成的反射镜,单色缝光源 S 与反射镜面平行,如图 3-10 所示. 来自缝光源的光向反射镜掠入射,反射出来的光好像是从 S' 直接射来的,S' 是光源对反射镜的虚像. 反射光与从 S 发出的直射光重叠,在重叠区内可形成干涉,S 和 S' 是相干光源.

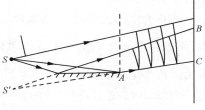

图 3-10 劳埃德镜

从图 3-10 中可以看出干涉条纹出现在幕上光波重叠的 BC 区间内. 显然,其中不会出现零级干涉条纹,只有把幕移到虚线位置,在 A 点才出现光程差为零的条纹. 结果在光程差为零的 A 点不是亮纹而是暗纹,这说明两相干光在 A 点的光振动相位差为 π. 这是因为光在掠入射条件下从空气射向玻璃的镜面反射发生了半波跃变,正如前面 2.4 节分析的那样. 反过来,劳埃德镜实验中观察到 A 点的干涉暗纹,是光从光疏介质到光密介质的掠入射反射存在半波跃变的明证,也是菲涅耳公式正确性的一个佐证.

这些干涉装置在历史上对证明光的波动性曾起过重要作用,但调节和观察都很不方便.

3.5 分振幅干涉——薄膜干涉的一般问题

• 薄膜干涉的光程差公式　　• 干涉条纹的定域问题

● **薄膜干涉的光程差公式**

水面上的薄油层显示出的彩色花纹,肥皂泡上的彩色花纹,某些昆虫翅翼上以及某些鸟羽上的彩色花纹都是由于薄膜上下两表面反射的两束光会合相干叠加而形成的,因而叫做薄膜干涉.薄膜干涉属于分振幅干涉.

两束光干涉的强度分布取决于由光源到场点两列光波的相位差,而相位差 δ 与光程差 Δ 有简单的关系 $\delta = \frac{2\pi}{\lambda}\Delta$. 我们首先计算薄膜干涉情形下的光程差.

如图 3-11 所示,图中间的部分是一个很薄的薄膜,为了看得清楚,显然画得太夸张了,单色点光源 S 发出的光波照射在薄膜上,经上表面反射的光波和下表面反射的光波重叠可产生干涉.从光源 S 到空间任意点 P 必定可以作出两条光线分别经薄膜上下表面反射而相交.在 P 点引起的光强就取决于这两条光路的光程差.在图中作 $FN_1 \perp CD, FN_2 \perp DE$. 在膜很薄的条件下,$SC$ 与 SF 几乎平行,FN_1 可视为波面,利用光的可逆性,FN_2 也可视为波面.由于光源到波面之间的光程相等,因此

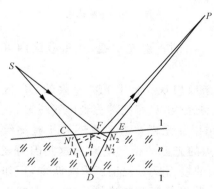

图 3-11　薄膜干涉的光程差

$$\Delta = \overline{SC} + n(\overline{CD} + \overline{DE}) + \overline{EP} - (\overline{SF} + \overline{FP})$$
$$= n(\overline{N_1D} + \overline{DN_2}).$$

当膜很薄时,有

3.5 分振幅干涉——薄膜干涉的一般问题

$$\overline{N_1D} + \overline{DN_2} \approx \overline{N_1'D} + \overline{DN_2'} = 2\,\overline{N_1'D} \approx 2h\cos r.$$

由此,两条光线的光程差

$$\Delta = 2nh\cos r, \quad (3.15)$$

式中 n 为薄膜的折射率,h 为 D 处膜的厚度,r 为光入射到膜处膜内的折射角.

此外,光在薄膜上下两表面反射情况不同,在上表面是由光疏介质到光密介质,而在下表面是由光密介质到光疏介质.根据反射折射的菲涅耳公式,当光在情况不同的两界面反射时,两反射光之间存在半波跃变,即存在 π 的附加相位差,相当于存在 $\lambda/2$ 的附加光程差,也就是说,从光疏介质到光密介质的界面上,反射光相对于光密介质到光疏介质的界面上的反射光少了 $\lambda/2$ 的光程,也就是说在上述光程差公式中还应再减去 $\lambda/2$,从而光程差的公式应为

$$\Delta = 2nh\cos r + \frac{\lambda}{2}. \quad (3.16)$$

当场点 P 满足 $\Delta = k\lambda$ 时,到达该点的两光振动相长,光强为极大;当场点 P 满足 $\Delta = \left(k + \dfrac{1}{2}\right)\lambda$,到达该点的两光振动相消,光强为极小.

- **干涉条纹的定域问题**[①]

当光源为点光源时,对于空间任意点,从光源出发都可以作出两条光线经薄膜上下表面反射相交于该点,由于它们来自同一光源,它们是相干的,因此到达该点的光程差由(3.16)式决定.所以可以说干涉存在整个空间中,或者说,干涉是非定域的.

实际的光源都有一定的大小,而且有时为了增加干涉条纹的亮度,需要使用扩展光源.这样对于空间的任意点 P,从光源上不同点 S_1,S_2 都可以分别作出两条光线经薄膜上下表面反射相交于该点,如图 3-12 所示.它们的入射

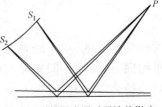

图 3-12 扩展光源对干涉的影响

---

① 参见陈熙谋:"薄膜干涉的定域问题",《大学物理》,1982,第 6 期.

角不同,从而在薄膜内的折射角也不同;此外膜的厚度可能也不同.根据(3.16)式,光程差不同,各光源点在 P 点的干涉效果不同,它们在 P 点的非相干叠加的结果,以致空间不存在干涉.还可以从另一角度来理解.光源上每一点发出的光波经过薄膜上下表面反射,在空间产生一定的干涉强度分布,它们在任一平面幕上是一套亮暗相间的干涉条纹.由于光程差不同,不同光源点在幕上产生的干涉条纹是彼此错开的,非相干叠加的结果,强度填平补齐,分布变为均匀,从而不显干涉.

但是可以普遍地证明,采用扩展光源时,仍可能找到在某些特定的区域内,上述非相干叠加不至于造成强度均匀分布而仍有亮暗相间的干涉条纹,我们就说干涉条纹定域在此区域内.这种情形就是各光源点产生的各级干涉条纹能够分别很好地叠合在一起.下面考虑一个特例,讨论这种非相干叠加不至于造成强度均匀分布,仍有亮暗相间的干涉条纹的普遍条件.

如图 3-13 所示,考虑一厚度和折射率都是均匀的薄膜,对于有限空间的任意点 P,不同光源点来的光在膜内的折射角不同,光程差不同,它们在 P 点的干涉效果不同,非相干叠加的结果造成干涉条纹消失.然而对于无限远的点而言,要使光能够相会于无限远的某一点,则要求薄膜上下表面反射的光是彼此平行的;而且不同光源点发出的光也是平行的.

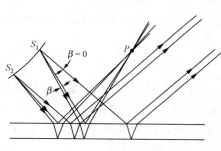

图 3-13　均匀薄膜时扩展光源
干涉定域于无限远

在这种情形下,从不同光源点来的相干光的光程差是相同的,干涉效果相同,这表明不同光源点形成的干涉条纹不是错开的,而是分别很好地叠合在一起,因而干涉条纹的衬比度不会下降,我们说这种情形下干涉条纹定域于无限远.

比较上述两种情形,对于非相干叠加不呈现干涉的情形,经薄膜上下表面反射相会的两条光线在光源点的夹角 β 不等于零;而对于非相干叠加仍呈现干涉的情形,经薄膜上下表面反射相会的两条光线在光源点处是从同一条光线分解出来的,或者说 β 等于零. 可以证明, $\beta=0$ 是扩展光源时,各光源点发出的光波非相干叠加仍清晰呈现干涉的条件,因此可以根据它来确定扩展光源时干涉条纹的定域区域.

此外还需说明,实际上扩展光源时,干涉条纹的定域区域并不仅仅只是在由 $\beta=0$ 确定的一个几何薄层中,而是定域区域有一定的深度.

由此,根据 $\beta=0$,通过简单作图,容易确定薄膜干涉的定域区域. 如图 3-14 所示,对于均匀薄膜,干涉定域在无限远;对于厚度非均匀薄膜,干涉定域在膜的近旁. 由于存在一定的定域深度,因此在膜的表面仍可以看到干涉条纹,通常就简单地说,非均匀薄膜情形,干涉定域在膜上.

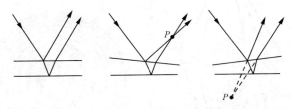

图 3-14　薄膜干涉扩展光源时的定域区域

薄膜干涉的定域问题是实际中的一个重要问题. 它可以指导你实际观察时,到什么地方去寻找干涉条纹.

3.6　等倾干涉

• 观察方法　　　• 干涉条纹的特征

● 观察方法

等倾干涉中薄膜的折射率 n 和厚度 h 都是均匀的,因此光程差

$$\Delta = 2nh\cos r + \frac{\lambda}{2}$$

仅随薄膜内折射角 r 而变化;薄膜也可以是两块玻璃夹一厚度均匀

的薄空气层. 虽然现在有四个界面,由于通常情形下光波断断续续的波列的长度远小于 m 的量级,相干的两束光之间的光程差不能太大,因此干涉仅发生在空气薄膜的两个表面的反射光之间,这时的光程差公式为

$$\Delta = 2h\cos r - \frac{\lambda}{2}. \tag{3.17}$$

通常的观察方法是单色扩展光源放在侧面,通过一个 45°角放置的半反射镜,光照射到薄膜上,从薄膜反射出来的光通过透镜,在透镜后焦面上放置幕接收来观察,如图 3-15 所示;或者不用透镜和幕,而是直接用眼接收从薄膜反射出来的光进行观察,由于均匀薄膜干涉定域于无限远,因此用眼直接观察时眼要完全放松,以保证视网膜在眼睛晶状体的焦面上.

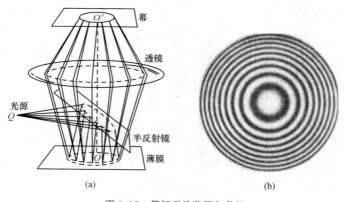

图 3-15 等倾干涉装置与条纹

- **干涉条纹的特征**

(1) 干涉条纹的形状

干涉条纹是光程差相同点的轨迹. 由光程差公式(3.16)式和(3.17)式,入射倾角相同的光在膜内的折射角 r 相同,光程差则相同,因此入射倾角相同的光线造成的干涉情况相同,应处于同一干涉条纹,因而得名等倾干涉. 在上述对称放置情形下,焦面上的干涉条纹为一系列的同心圆. 亮纹满足

3.6 等倾干涉

$$\Delta = 2nh\cos r \pm \frac{\lambda}{2} = k\lambda, \tag{3.18}$$

暗纹满足

$$\Delta = 2nh\cos r \pm \frac{\lambda}{2} = \left(k + \frac{1}{2}\right)\lambda, \tag{3.19}$$

式中 k 为干涉条纹的级次.

(2) 干涉条纹的级次分布

由(3.18)式和(3.19)式可以看出,级次高即 k 值大的条纹对应膜内的折射角 r 小,根据折射定律,它对应的入射角亦小.从图 3-15 可以看出,在这些同心的干涉条纹中,中心处的干涉级次最高,外沿的条纹级次逐渐降低.

(3) 干涉条纹的间距

相邻条纹的光程差之差为 λ,因此,对光程差公式求微分,得

$$d\Delta = -2nh\sin r\, dr = \lambda,$$

所以

$$dr = r_{k+1} - r_k = -\frac{\lambda}{2nh\sin r}, \tag{3.20}$$

式中 dr 是 $k+1$ 级条纹和 k 级条纹所对应的薄膜内的折射角之差. 式中负号反映条纹的级次分布与折射角增加相反,即随着膜内折射角增大,入射角增大,条纹级次降低. 此式表示: r 大处,dr 小;r 小处,dr 大. 也就是说同心的等倾干涉条纹,中心处的条纹较稀疏,间距较大;外沿处的条纹较密,间距较小,见图 3-15(b).

(4) 薄膜厚度改变时,干涉条纹的移动规律

一定的干涉条纹与一定的光程差相联系.因此薄膜厚度改变时,干涉条纹的移动可依据光程差不变的点如何移动来判断.例如,由光程差公式(3.17)式,维持光程差不变,薄膜厚度增加,则必须 $\cos r$ 减小,即 r 增大.也就是说当移动一块玻璃板使空气薄膜的厚度增大时,干涉条纹一个一个从中心冒出来;反之使空气薄膜的厚度减小时,干涉条纹一个一个缩向中心消失.

从中心冒出一个条纹,或缩进一个条纹,在中心处光程差改变一个波长,空气薄膜的厚度则改变半个波长,反应是极其灵敏的.

3.7 等厚干涉

・观察方法　　　　・干涉条纹的特征　　　　・牛顿环

● **观察方法**

等厚干涉中薄膜的厚度不均匀,薄膜可以是某种透明介质,也可以是两块玻璃所夹的空气薄膜.光程差公式为 $\Delta = 2nh\cos r \pm \dfrac{\lambda}{2}$. 通常观测时常常使单色光垂直入射到薄膜上,如图 3-16 所示,在薄膜的垂直方向上观察,即折射角 $r \approx 0$,因此光程差公式简化为

$$\Delta = 2nh \pm \frac{\lambda}{2}. \tag{3.21}$$

光程差仅随薄膜厚度 h 变化.非均匀薄膜干涉定域于膜的近旁,因此用眼直接观察时,眼睛应盯在薄膜上;用透镜和幕接收观察,要使薄膜成像于幕上.

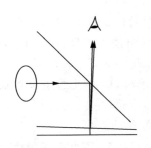

图 3-16　等厚干涉

● **干涉条纹的特征**

(1) 干涉条纹的形状

干涉条纹是光程差相同点的轨迹.厚度相同处,光程差相等,形成同一干涉条纹,故得名等厚干涉.例如尖劈形薄膜,等厚干涉条纹是一组平行劈棱的直线,见图 3-16.

(2) 干涉条纹的级次分布

薄膜厚的地方,光程差较大,级次高.对于尖劈形薄膜,从劈棱到底边出现的干涉条纹级次依次增高.

(3) 相邻亮纹或相邻暗纹之间膜的厚度差

相邻亮纹或相邻暗纹之间的光程差之差为一个 λ.对光程差公式求微分得

$$d\Delta = 2ndh = \lambda,$$

所以

$$dh = \frac{\lambda}{2n}. \qquad (3.22)$$

对于空气薄膜,折射率 $n=1$, $dh = \frac{\lambda}{2}$,即对于空气薄膜,相邻亮纹或相邻暗纹之间的薄膜厚度差等于半个波长.若劈角为 α,则尖劈情形相邻亮纹或相邻暗纹的间距为 $l = \frac{\lambda}{2n\alpha}$;对于空气尖劈,$l = \frac{\lambda}{2\alpha}$.因此若劈角越小,则干涉条纹越稀疏;反之,劈角越大,干涉条纹越密集.

(4) 干涉条纹的移动

同样根据薄膜厚度改变时,光程差不变的点如何变动来判断.如图 3-17 所示,一个空气薄膜的厚度增加而光程差不变的点从 A 移到 A',则 A 处的干涉条纹移动到 A';若空气薄膜的厚度减小,则干涉条纹向反方向移动.

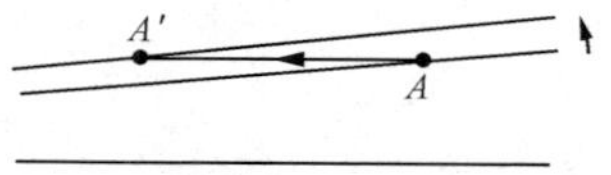

图 3-17 等厚干涉中的条纹移动

● **牛顿环**

牛顿环是牛顿首先观察到并加以描述的等厚干涉现象,它的装置由一个曲率半径很大的平凸透镜放在一块平面玻璃板上组成,如图 3-18 所示.透镜和玻璃板之间形成一厚度不均匀的空气层,平行光垂直入射,在反射方向观察.如上所述,干涉条纹就在空气层处;干涉条纹是一系列亮暗相间的同心圆;中心附近干涉条纹的级次较低,外沿条纹的级次较高;中心附近条纹间距较宽,外沿条纹较密集.牛顿环的光程差公式为 $\Delta = 2h - \frac{\lambda}{2}$,干涉亮纹和暗纹满足的条件是

$$\Delta = 2h - \frac{\lambda}{2} = \begin{cases} k\lambda, & \text{亮纹,} \\ \left(k+\frac{1}{2}\right)\lambda, & \text{暗纹.} \end{cases} \quad (3.23)$$

中心点透镜与平面玻璃板相接触,$h=0$,满足暗纹条件,$k=-1$,是一个暗点.实际观察也确实是一个暗点,这是界面反射存在半波跃变的明证.

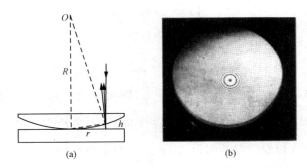

图 3-18 牛顿环

此外,根据图示的几何关系,有

$$\frac{r}{R} \approx 2\,\frac{h}{r},$$

此处 r 为条纹的半径,于是

$$r^2 = 2Rh.$$

代入(3.23)式可得

$$r = \begin{cases} \sqrt{\left(k+\frac{1}{2}\right)R\lambda}, & k=0,1,2,\cdots, \quad \text{亮纹,} \\ \sqrt{(k+1)R\lambda}, & k=-1,0,1,2,\cdots, \quad \text{暗纹.} \end{cases} \quad (3.24)$$

测量了第 k 级亮纹(或暗纹)的半径 r,可以算出平凸透镜的曲率半径.实际中常常是测出某一级条纹的半径 r_k,再测出由它向外数第 m 级条纹的半径 r_{k+m},根据导出的下式可算出平凸透镜的曲率半径 R 来,

$$R = \frac{r_{k+m}^2 - r_k^2}{m\lambda}. \quad (3.25)$$

3.8 薄膜干涉应用举例

•检验工件表面平整度   •测定涉及长度的一些量   •增透膜

● **检验工件表面平整度**

加工业中常常需要加工一些很平的平面,对于已加工好的平面需要进行检验.利用薄膜干涉检验平面的平整程度的方法是在加工面上覆盖一块具有标准平面的玻璃板,使它们之间形成一尖劈形空气薄膜;用单色光垂直照射,在反射方向观察.如果待检验平面是平整度很好的平面,则可观察到空气薄膜处有非常均匀的亮暗相间平行直线状干涉条纹;否则干涉条纹是扭曲的,从干涉条纹的扭曲程度和扭曲走向,可以判断待检验面偏离平面的情况.

● **测定涉及长度的一些量**

只要把一些待测的量与薄膜的厚度联系起来,就可以通过对干涉条纹的测量测出该待测量来.例如,测细丝的直径,透镜的曲率半径,膜的厚度,尖劈的微小劈角,等等.

例如检验小滚珠的干涉装置如图 3-19 所示. 在两块平玻璃之间放有三颗小滚珠 a,b,c,在单色光垂直照射下,形成如图所示的干涉条纹.由此可得出关于三颗小滚珠一些什么结论?

滚珠 a 和 b 在同一暗纹上,它们的直径相同;滚珠 c 和 a,b 之间相差 4 个条纹,相邻暗纹之间薄膜的厚度相差半个波长,因此滚珠 c 与 a,b 的直径相差 2λ,约 10^{-4} cm;然而不能得出 c 的直径究竟比 a,b 的直径是大还是小.在两块玻璃板之间轻轻压一下(只需要轻轻压),可以看出干涉条纹微小移动,根据条纹移动的走向就可以确定哪一颗滚珠的直径大.

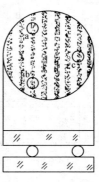

图 3-19 利用等厚干涉检验小滚珠

测量长度的千分尺(螺旋测微器)在直接测量中是最为精密的,

可精确到 10^{-3} cm,可估读到下一位,即 10^{-4} cm. 上述干涉计量至少可精确到半个波长的量级,约 10^{-5} cm,可估读到 10^{-6} cm,甚至 10^{-7} cm. 可见干涉计量更为精确.

- **增透膜**

一些较高级的照相机的镜头上有一层紫红色的膜,称为增透膜,其作用是增加透射光强,减少反射损失. 通常当光垂直入射到两种透明介质的界面上时,反射光强约为 5%,透射光强约为 95%. 一般光学仪器有多块透镜,例如有的相机镜头有 6 个透镜,则有 12 个界面,总的透射光强只有 $0.95^{12} \approx 0.55$,即有将近一半的光强损失掉;潜水艇上使用的潜望镜有 20 个镜片,有 40 个界面,透射光强只有 $0.95^{40} \approx 0.13$,也就是说反射损失达近 90%. 此外,由于光在各界面上反复反射产生的杂散光,使成像质量变坏. 因此,消除或减少反射的杂散光是光学仪器制造中的一个重要问题.

增透膜的作用原理可从干涉的角度来理解. 如图 3-20,它是在透镜表面上蒸镀一层透明的薄膜,其折射率 n_1 小于玻璃的折射率 n,于是光在薄膜两表面反射的情况相同,都是从光疏介质到光密介质的反射,两反射光之间没有半波跃变,光程差为

$$\Delta = 2n_1 d,$$

d 为薄膜的厚度. 要使增透膜起到消反射、增透的作用,它必须满足两个条件. 一是反射的两束光强相等,亦即两束反射光的振幅相等. 理论上可以证明这要求 $n_1 = \sqrt{n_0 n}$[①],按 $n_0 = 1, n = 1.52$,得 $n_1 = 1.23$,实际中没有找到折射率如此小的介质. 实际中折射率最小的介质是氟化镁(MgF_2),其折射率为 1.38,是比较接近的. 二是两束反射光的光程差满足干

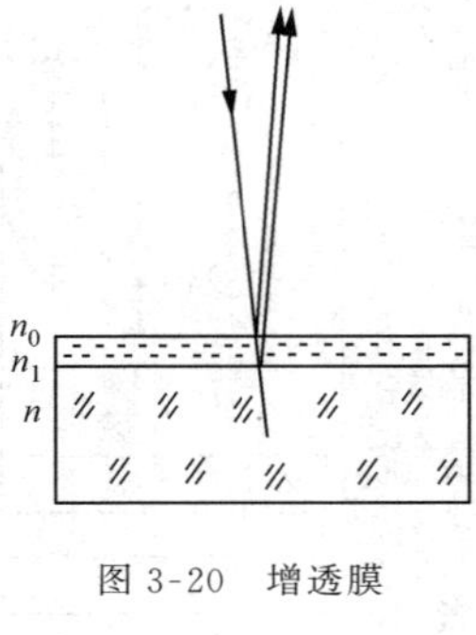

图 3-20 增透膜

---

① 实际上增透膜问题须考虑介质膜表面的多次反射和多光束干涉,根据菲涅耳公式可算出反射光强为零所满足的条件,即为这里的干涉相消条件和振幅条件.

涉相消条件,即 $2n_1d = \frac{1}{2}\lambda$. 通常人眼或感光材料都是对波长等于 550 nm 附近的黄绿光比较灵敏,消反射也是对这种光进行,选择 $\lambda = 5500 \text{Å}$[①],而其他色光不能很好满足相消条件,因此增透膜看起来呈紫红色. 采用 MgF_2 制成的增透膜反射损失从 5% 减少到 1.3%.[②]

实际中有时提出相反的需求,即尽量降低透射、提高反射率,这同样可以采用镀膜的方法来实现,这种情形是使反射光达到干涉极大,入射的光的能量主要分配到反射光中去. 靠单膜是不可能将反射率提高很多的,进一步提高反射率靠采用多层膜.

3.9 迈克耳孙干涉仪和马赫-曾德尔干涉仪

• 迈克耳孙干涉仪　　　• 马赫-曾德尔干涉仪

● 迈克耳孙干涉仪

迈克耳孙干涉仪是迈克耳孙(A. A. Michelson)于 1881 年为研究光速问题而精心设计的一种干涉仪,其结构和光路如图 3-21 所示. M_1,M_2 是一对精密磨制抛光的平面反射镜,G_1 和 G_2 是厚薄和折射率都均匀相同的玻璃板. G_1 叫做分光板,其背面镀了一层很薄的银膜,使光源射来的光反射和透射的强度差不多相等,反射光射到 M_1 经 M_1 反射后

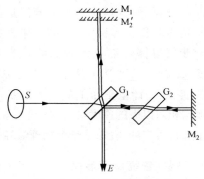

图 3-21　迈克耳孙干涉仪光路

---

① 1 Å = 10^{-10} m.

② 有人认为上述论述存在某种逻辑上的问题. 上面已经先说了在介质膜表面上有反射光出来,又说它们满足反射相消条件,难道是光反射出来,发现将被相消,再返回透射不成? 其实根本的是光在介质膜界面应满足边界条件,消反射增透是光波满足边界条件的必然产物,而上面采用干涉相消的做法不过是一种具体的处理方法而已.

再次透过 G_1 到 E；透射光射到 M_2 经 M_2 反射后，再经 G_1 的半镀银面反射到 E，两束光在 E 处重叠而干涉。G_2 叫做补偿板，用来补偿光程，使得两条支路的光通过玻璃板均为三次，补偿两路光通过玻璃板的次数不同而引起的光程差。

容易看出迈克耳孙干涉仪中光的干涉其实就是光路分开的薄膜干涉。M_2 对于 G_1 的半镀银层的虚像为 M_2'，因此，在 E 处重叠的两束光可以看成是空气薄膜 $M_1 M_2'$ 上下表面反射而来的。当 M_1 与 M_2' 严格平行时，形成的干涉是等倾干涉，干涉定域于无限远，条纹为同心环纹，前后平行移动 M_1，改变空气薄膜的厚度时，干涉条纹一个一个地从中心冒出来或收缩进去；当 M_1 与 M_2' 不平行时，形成的干涉是尖劈形的等厚干涉，干涉定域于薄膜的近旁，条纹为平行直线状条纹，前后平行移动 M_1 改变空气薄膜的厚度时，干涉条纹平行移动，每移过一个条纹，薄膜的厚度改变 $\lambda/2$，也就是说 M_1 平行移动了 $\lambda/2$。

迈克耳孙干涉仪在科学技术中占有重要的地位：(1) 它的一大优点是使相干的两光路分开，从而可以在一支光路中插入其他装置进行研究，不少其他专用干涉仪是在此基础上改进而成的；(2) 原子发光的波长相当稳定，它可以作为长度的自然基准。迈克耳孙曾用此干涉仪以镉灯红色谱线的波长为基准测定了原来的基准米尺的长度，促成了长度基准从米原器这种实物基准改为光波波长这种自然基准，这是计量工作上的一大进步；(3) 迈克耳孙曾以此干涉仪探测地球相对以太的速度，这是物理上最为精确的实验之一，然而得到的结果却是否定的，震惊了整个物理学界，为狭义相对论的建立准备了条件。

● **马赫-曾德尔干涉仪**

马赫(E. Mach)-曾德尔(L. Zehnder)干涉仪的结构和光路如图 3-22 所示。G_1 是分光板，其一面镀有银膜，目的是使分开的两束光的强度差不多相等。M_1，M_2 是两面反射镜，G_2 是与 G_1 在厚度和折射率上均相同的玻璃板。从光源 S 发出的光经 G_1 分成两束，一束通过 C_1 经 M_1 反射到 G_2，再反射到 E；另一束经 M_2 反射，通过 C_2 和 G_2 到 E。C_2 是实验箱，C_1 与 C_2 相同。两束光在 E 相遇而干涉。马赫-曾德尔干涉仪使两相干光束彻底分离，并可使干涉条纹定域于

M_2G_2 之间的任意位置. 它主要用于飞行器的空气动力学研究和激波管中激波过程的研究, 其优点是干涉计量本身十分精密, 另一方面无需引入测量探头和其他部件, 不会干扰气体的流动.

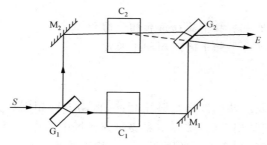

图 3-22　马赫-曾德尔干涉仪光路

实验时, 如果没有高速气流通入实验箱 C_2, 两束相干光造成的光程差分布可形成干涉条纹, 可用相机在 E 处将它拍摄下来. 当高速气流通入 C_2, 引起空气密度的变化形成一定的分布, 密度的局部变化引起折射率的局部变化, 形成一定的分布, 从而引起干涉条纹的移动. 用高速相机短时间连续拍摄可记录干涉条纹的移动. 干涉条纹的移动数为 $\Delta m = \dfrac{1}{\lambda}\int [n'(x,y,z) - n] ds$. 测出飞行器模型周围各点干涉条纹移动数, 可通过数学运算计算折射率的变化和密度变化, 从而计算气流的压力分布 $p(x,y,z)$、温度分布 $T(x,y,z)$、流速场分布, 等等.

用相机拍摄时, 需将相机聚集在干涉条纹的定域区域, 且同时摄下模型的像, 这就是为什么需要使干涉条纹定域于特定区域, 即定域于模型近旁的道理.

马赫-曾德尔干涉仪的使用受到两方面的限制: 一方面是限于研究二维问题和轴对称气流, 否则由干涉条纹移动数推算折射率的分布十分困难; 另一方面大型光学平面和平行平面的磨制十分困难, 口径为 15 英寸 (相当于 38 cm) 的反射镜 M_1, M_2 和分光板 G_1 以及 G_2 已相当昂贵.

3.10 光场的空间相干性和时间相干性

- 概述
- 空间相干性——相干孔径角和相干面积
- 时间相干性——相干时间和相干长度

● **概述**

前已述及当两列波满足频率相同、振动方向相同和具有固定的初相位,它们是相干的.实际中需要研究光场中两点是否相干的相干性问题,问题受到两方面的限制:(1)当光源面积大到一定的程度,光场中的两点会失去相干性;(2)当光场中两点的光程差大到一定的程度,这两点也会失去相干性.为了分别突出每一个因素,下面分成两方面加以讨论.

● **空间相干性——相干孔径角和相干面积**

空间相干性来源于扩展光源不同部分发光的独立性,它集中表现在光场的横方向上.空间相干性又称为横向相干性,它是描述光场中在多大的横向范围内的两点引出的次波仍是相干的.这个范围越大,空间相干性就越好;反之,则空间相干性就越差.

前面 3.3 节讨论过在杨氏干涉装置中光源宽度对干涉条纹的影响,曾指出当光源具有一定宽度 b 时,光源上不同点光源产生的干涉条纹有一定的平移,因而非相干叠加造成干涉条纹衬比度下降.当干涉条纹的移动小于条纹间距,即 $\frac{D}{R}b < \frac{D}{d}\lambda$ 时,干涉条纹的衬比度还有 $\gamma > 0$,则仍有干涉条纹.因此,当光源具有一定宽度 b 时,相距为 d 的两点的相干性可以以孔径角 $\theta_0 = \frac{\lambda}{b}$ 来衡量,θ_0 称为相干孔径角.如图 3-23 所示,凡是在此孔径角 θ_0 之内的两点如 S_1', S_2' 或 S_1'', S_2'' 等都满足 $\frac{d}{R} < \frac{\lambda}{b} = \theta_0$,都是相干的;凡是此孔径角 θ_0 之外的两点如 S_1''' 和 S_2''',则是不相干的.

空间相干性的好坏,用相干孔径角 θ_0 来表示,也可用横向线度 d 或相干面积 d^2 来表示.

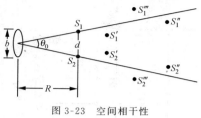

图 3-23　空间相干性

普通的扩展光源的照明面积可以很大,但相干面积很小. 为了实现相干,需要增大相干面积. 为此在杨氏干涉装置或其他分波前干涉装置中,需在光源前加细缝或小孔,就是这个道理.

利用空间相干性概念可以测定星体的角直径 θ,如果又知道星体到地球的距离 l,就可以由此计算出星体的直径 $b=R\theta$,这是一个有意义的天文测量.

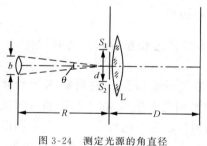

图 3-24　测定光源的角直径

利用空间相干性概念测定一个光源角直径的装置如图 3-24 所示. 若由小到大逐渐增大双缝 S_1,S_2 的间距 d,根据空间相干性概念,在幕上观察到的干涉条纹的衬比度下降;当 d 增大到衬比度下降至刚好为零,幕上干涉条纹消失,光源边缘两点产生的干涉条纹恰好移动错过一个干涉条纹间距. 此时有下述关系:

$$\frac{D}{R}b=\frac{D}{d}\lambda,$$

于是光源的角直径 $\theta=\dfrac{b}{R}=\dfrac{\lambda}{d}$,因此测出干涉条纹开始刚好消失时的 d,就测得光源的角直径 θ.

实际测量星体的角直径时,由于星体到地球的距离 R 很大,d 可以相当大. 在如此大的 d 值情形下,干涉条纹密得早已无法分辨;而且在图 3-24 所示的装置中必须采用口径巨大的透镜,这也是技术上无法做到的. 20 世纪 20 年代迈克耳孙想出一个巧妙的方法,如图 3-25 所示,增加了 4 块反射镜 M_1,M_2,M_3,M_4,使射来的星光照射到 S_1,S_2 上,后面直接通过望远镜观察干涉效果. M_1 和 M_2 可以向

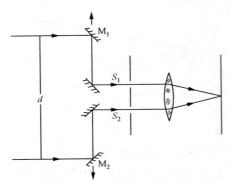

图 3-25 迈克耳孙星体干涉仪

两边移动,从而改变有效的 d;而双缝的间距保持为固定的小值,使干涉条纹有足够的间距,而且可以采用较小的透镜.迈克耳孙用他发明的星体干涉仪测量参宿4(即猎户座α星)的角直径 $\theta = 0.047''$.

根据同样的原理,迈克耳孙星体干涉仪还可以测定双星的角距离.

● **时间相干性——相干时间和相干长度**

光场的时间相干性来源于光源发光过程在时间上的断续性,它集中表现在光场的纵方向.

前面 3.2 节已述及普通光源发出的光波是一些断断续续的波列,每一波列的长度大约只有几厘米到几十厘米,在 1 秒钟的时间里要变化 10^8 次以上.不同波列的初相位是完全随机分布的.当光场中两点的纵向距离大于波列的长度时,它们之间没有固定的相位关系,因而它们是不相干的;当两点的纵向距离小于波列长度,它们之间有固定的相位关系,则它们是相干的.因此波列长度就成为光场纵向两点是否相干的标记,称为相干长度.相干长度除以真空光速 c 叫做相干时间,它是波列持续的时间.光场中纵向两点间的时间相干性也可以用相干时间来衡量.

时间相干性与光波的单色性密切有关.如果光源发出的光波是严格单色的,即频率是单一的,波长也是单一的,它所对应的是无限延绵的波列,波列的长度为无限大.实际的光波波列是有限长的,从傅里叶分析的角度来看,光波的频率和波长不是单一的,而是频率有一定的宽度,波长有一定的范围.这些不同频率、不同波长光波的叠加,造成光波波列的有限长度.光波的单色性越差,波长范围越大,则波列的长度越短,理论上可以证明波列长度

$$L_c = \frac{\lambda^2}{\Delta\lambda}, \tag{3.26}$$

式中 λ 为平均波长，$\Delta\lambda$ 为波长范围.

因此，光的单色性越好，$\Delta\lambda$ 越窄，则相干长度 L_c 越大，光场的时间相干性越好.

下面给出一组具体的数据：

He 某一谱线 $\lambda = 5876$Å，$\Delta\lambda = 0.025$Å，$L_c = 14$ cm；

^{86}Kr 某一谱线 $\lambda = 6058$Å，$\Delta\lambda = 0.0047$Å，$L_c = 78$ cm；

白光 $\lambda = 5500$Å，$\Delta\lambda \approx 3000$Å，$L_c \approx 1$ μm；

激光 $\lambda = 6328$Å，理论上 $\Delta\lambda \approx 10^{-8}$Å，$L_c \approx 400$ km.

3.11 维纳实验

维纳实验(1890 年)首先从实验上实现了光驻波，而且它还进一步证实光化作用直接与电矢量有关，与磁矢量无关，这就是我们在研究光学现象时总是只研究电矢量的缘由.

维纳实验装置如图 3-26 所示，M 为一介质平板，其上表面磨光成镜面，一束单色平行光垂直照射，经介质板反射回来，在入射光和反射光重叠区域内相干涉形成驻波，驻波的情况与镜面反射处是否存在相位跃变有关.根据电磁波理论，电矢量在镜面反射处有相位 π 的突变，因而电矢量在界面处形成一波节；而磁矢量在界面处反射没有相位 π 的突变，是同相位的，因而磁矢量在界面处为一波腹.维纳

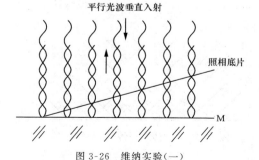

图 3-26 维纳实验(一)

用一特制的厚度仅为 $\lambda/20$ 的照相底片倾斜放在反射镜面前,结果发现底片上出现一些等间距的暗带,它们是由于底片上感光量不同引起的,暗带处感光较强,经显影定影后析出的银粒较多变得较黑. 实验发现底片与反射面所成的倾角减小时,暗带的间隔增宽,而且在反射面处不是暗带,这就证明驻波在反射面处产生波节,与电磁理论对照得出结论,电矢量引发光化作用.

为了进一步证实光化作用与电矢量有关而与磁矢量无关,维纳于 1891 年用线偏振光以 45° 入射于镜面,使入射光束与反射光束在空间正交,如图 3-27 所示. 这样便出现电矢量之间和磁矢量之间一个恰巧正交,则另一个恰巧平行,正交者为非相干叠加,平行者产生相干叠加. 实验时让入射光的电矢量为 s 振动,则电矢量 E'_{1s} 与 E_{1s} 平行,它们可产生相干叠加,由于到镜面的距离不同(z 不同),在镜面上方形成一系列干涉相长和干涉相消的水平面;而磁矢量 H'_{1p} 与 H_{1p} 正交,它们不产生相干叠加,只是 z 不同处的偏振状态不同. 实验的另一种情形是让入射光的电矢量为 p 分量,则 E'_{1p} 与 E_{1p} 正交,它们不产生相干叠加,只是 z 不同处的偏振状态不同;而磁矢量 H'_{1s} 与 H_{1s} 平行,它们产生相干叠加,在镜面上方形成一系列干涉相长和干涉相消的水平面. 实验中仍然将特制的照相底片倾斜放置在反射面前. 在第一种情形入射光的电矢量为 s 振动时,观察到底片上出现周期性变黑,而在第二种情形,入射光的电矢量为 p 振动时,底片是均匀变黑,这就更加无疑地证明了光化作用直接与电矢量有关,而与磁矢量无关.

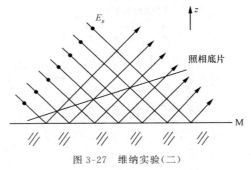

图 3-27　维纳实验(二)

乳胶感光、植物光合作用、动物的视觉效应、光照皮肤发热和变色等等,所有这些光和物质的相互作用,起作用的都是光波场中的电场矢量.

3.12 多光束干涉

- 多光束干涉的光强分布公式及其特点
- 干涉条纹的半值宽度
- 多光束干涉的应用

● **多光束干涉的光强分布公式及其特点**

前面讨论的干涉都是两束相干光的干涉,其实实际上可实现多束相干光的干涉,如图 3-28 所示.当一束光进入介质薄膜后,可进行多次反射和折射,每次反射或折射出来的一束光来源于同一光源,是相干的,用适当的方法使这些反射的或折射的多光束相干光会聚在一起,则可实现多光束干涉.多光束干涉的干涉条纹有一些新的特点,也有些特殊的应用.

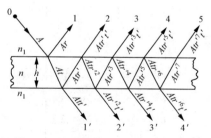

图 3-28 多次反射和折射时的振幅分割

下面我们作些定量分析计算,设从光源射出的一束光的复振幅为 $\tilde{A}$,射向一透明的均匀介质板,其折射率为 n,介质板的两边是折射率为 n_1 的相同介质.在介质板的上表面和下表面反射和折射形成反射的相干光束 $1,2,3,4,\cdots$ 以及透射的相干光束 $1',2',3',4',\cdots$.设介质板上表面处的振幅反射率和振幅透射率分别为 r,t,介质板下表面处的振幅反射率和振幅透射率分别为 r',t'.前面 2.3 节已给出振幅反射率和振幅透射率的斯托克斯倒逆关系 $r^2+tt'=1$ 和 $r'=-r$. 根据光在界面上的反射和折射情形容易写出每一反射光束和透射光束的振幅来. 另一方面,任意相邻的两反射光束之间存在一定的光程差,$\Delta L=2nh\cos\theta$,式中 h 是介质板的厚度,θ 是板内的折射倾角,后一反射光束比前一反射光束落后的相位则为 $\delta=\frac{2\pi}{\lambda}\Delta L=\frac{4\pi nh}{\lambda}\cos\theta$. 同样,任意相邻的两透射光束之间也存在一定的光程差,$\Delta L=2nh\cos\theta$,后一透射光束落后于前一透射光束的相位也是 $\delta=\frac{2\pi}{\lambda}\Delta L=\frac{4\pi nh}{\lambda}\cos\theta$. 于是我们可以写出各反射光束和各透射光束的复振幅:

反射多光束:

$$\left.\begin{aligned}\widetilde{U}_1 &= rA = -r'A,\\ \widetilde{U}_2 &= r'(tt')e^{i\delta}A,\\ \widetilde{U}_3 &= r'^3(tt')e^{i2\delta}A,\\ \widetilde{U}_4 &= r'^5(tt')e^{i3\delta}A,\\ &\vdots\end{aligned}\right\} \quad (3.27)$$

透射多光束:

$$\left.\begin{aligned}\widetilde{U}'_1 &= (tt')A,\\ \widetilde{U}'_2 &= r'^2(tt')e^{i\delta}A,\\ \widetilde{U}'_3 &= r'^4(tt')e^{i2\delta}A,\\ \widetilde{U}'_4 &= r'^6(tt')e^{i3\delta}A,\\ &\vdots\end{aligned}\right\} \quad (3.28)$$

从公式可以看出,若 $r\ll 1$,而 $t\approx t'\approx 1$,则在反射光束中头两项振幅十分接近,且远大于后续项的振幅,$U_1\approx U_2\gg U_3\gg U_4\cdots$,在这种情形下可只考虑头两束反射光的相干叠加,而把其后的光束忽略,前面讨论的薄膜双光束干涉正是这样做的;在透射光束中有 $U'_1\gg U'_2\gg U'_3\gg U'_4\cdots$,仅考虑 U'_1 和 U'_2 的相干叠加,则得到的是衬比度很低的干涉条纹. 然而,在 r 比较大的情形,必须考虑光束无穷序列的相干叠加,才能得到反射光和透射光的总振幅和光强,

$$\begin{cases} \widetilde{U}_R = \sum_{i=1}^{\infty} \widetilde{U}_i, & I_R = \widetilde{U}_R^* \widetilde{U}_R, \quad (3.29) \\ \widetilde{U}_T = \sum_{i=1}^{\infty} \widetilde{U}_i', & I_T = \widetilde{U}_T^* \widetilde{U}_T. \quad (3.30) \end{cases}$$

由于现在介质板两边的折射率都是 n_1,反射光束和透射光束的截面积相等,光功率守恒导致光强守恒,$I_R + I_T = I_0$,因此我们只需在 I_R 和 I_T 中先算出一个,另一个用减法即可得到.下面先计算 $\widetilde{U}_T$.

$\widetilde{U}_T$ 是一个首项为 Att',公比为 $r'^2 e^{i\delta}$ 的等比无穷级数.注意到 $r' = -r, r^2 + tt' = 1$ 以及 $R = r^2$,级数和为

$$\widetilde{U}_T = \frac{Att'}{1 - r^2 e^{i\delta}} = \frac{1-R}{1 - R e^{i\delta}} A, \quad (3.31)$$

于是透射光强最后可写成

$$I_T = \widetilde{U}_T^* \widetilde{U}_T = \frac{I_0}{1 + \dfrac{4R \sin^2(\delta/2)}{(1-R)^2}}, \quad (3.32)$$

式中 $I_0 = A^2$ 是入射到介质板上的光强.反射光强为

$$I_R = I_0 - I_T = \frac{I_0}{1 + \dfrac{(1-R)^2}{4R \sin^2(\delta/2)}}, \quad (3.33)$$

下面我们分析以单次光强反射率 R 为参量,透射光强随 δ 变化的特点.当 $\delta = 2k\pi$ 时,$\sin^2 \dfrac{\delta}{2} = 0, I_T/I_0 = 1$,是极大值;当 $\delta = (2k+1)\pi$ 时,$\sin^2 \dfrac{\delta}{2} = 1, I_T/I_0$ 是极小值.由于 $R \approx 1, \dfrac{4R}{(1-R)^2} \gg 1, I_T$ 对 δ 的变化很敏感,当 δ 稍偏离 $2k\pi$ 时,I_T 便从极大值急剧下降.R 愈大.I_T 对 δ 变化愈敏感,I_T 便从极大值下降得愈陡峭.图 3-29 是依照 (3.33) 式画出的多光束干涉透射光强分布曲线.由于 $I_R + I_T = I_0$,将纵坐标倒过来就是 $I_R \sim \delta$ 曲线.图 3-30 右边是多光束干涉中透射光的干涉条纹,它是暗背景上的细亮纹;反射光则相反,是亮背景上的细暗纹.为了比较,左图是迈克耳孙干涉仪中的双光束等倾干涉条纹.

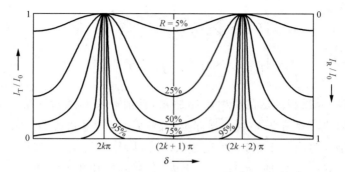

图 3-29　多光束干涉透射光强分布曲线

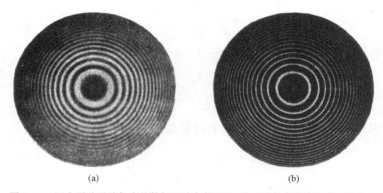

图 3-30　迈克耳孙干涉仪中的等倾干涉条件和法-珀干涉仪中的多光束干涉条纹

图 3-29 最上面一条曲线就是前面讨论的反射率很低时薄膜双光束透射光的相干叠加,干涉条纹的衬比度很低,而且强度分布是正弦式的;下面几条曲线是随着反射率增大,干涉条纹的衬比度逐渐增加,从而干涉条纹更加细锐. 为什么多光束干涉会造成干涉条纹更细锐,这从物理上如何理解?相干叠加是振动叠加,其中的道理可用振动矢量的叠加加以说明. 当 r 较小时,各振动的振幅递减极为迅速,实际上只需考虑头两个振动的叠加,其他振动的振幅都非常小可忽略;而 r 很大时,各振动的振幅递减得极其缓慢. 为了比较这两种情形相对强度随 δ 变化的特点,需要考虑到当 $\delta = 2k\pi$ 时各振动的相位相同,各振动的矢量在相同方向叠加成的合矢量长度相等. 当偏离极大值位置不大时,r 较小情形振动叠加的合矢量仍相当长,从而光强

较大;而 r 较大情形,由于各振动矢量叠加逐渐卷曲,叠加的合矢量显著变短,从而光强较小.当偏离极大值较大时,对 r 较小情形两个振动叠加的合矢量振幅仍将是相当长,从而光强仍较大;而 r 较大情形,各振动矢量叠加卷曲增大,叠加的合矢量变得更短,从而光强更小,于是造成的效果是宽广暗背景上的细锐亮纹.

- **干涉条纹的半值宽度**

为了定量描述多光束干涉光强分布的特点,下面引入干涉条纹的半值宽度.由于干涉极大峰两侧的强度是连续变化的,没有明确的边界可以计算条纹的宽度,通常以峰道两侧 I_T/I_0 的值降到一半的两点间的距离 ε 来定义条纹的宽度,此称为半值宽度.考虑图 3-31,在强度分布公式(3.32)式中令 $\sin^2 \frac{1}{2}\left(2k\pi \pm \frac{\varepsilon}{2}\right) = \sin^2 \frac{\varepsilon}{4} \approx \left(\frac{\varepsilon}{4}\right)^2$,$I_T/I_0 = \frac{1}{2}$,解得

$$\varepsilon = \frac{2(1-R)}{\sqrt{R}}(\text{rad}), \tag{3.34}$$

这表明随着 R 趋近于 1,半值宽度 $\varepsilon \to 0$,即干涉条纹的锐度变得愈来愈大.

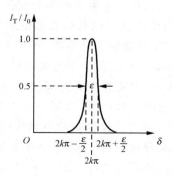

图 3-31 多光束干涉条纹的半值宽度

应该指出这里的"宽度"是以相位差来衡量的,因此可称为半值相位宽度.还可以有另外两种表示,一种称为半值角宽度,它是以介

质板内的倾角差来衡量的,由于 $\delta = \dfrac{4\pi nh}{\lambda}\cos\theta$, $\Delta\delta = -\dfrac{4\pi nh\sin\theta}{\lambda}\Delta\theta = \varepsilon$,因此

$$|\Delta\theta_k| = \frac{\lambda}{2\pi nh\sin\theta_k}\frac{1-R}{\sqrt{R}}(\text{rad}). \tag{3.35}$$

另一种称为半值谱线宽度,它是以波长差来衡量的.实际上任何单色光总有一定的波长间隔,正是这一波长间隔造成干涉条纹有一定的宽度,因此将 δ 对 λ 求微分,有 $\Delta\delta = -\dfrac{4\pi nh\cos\theta}{\lambda^2}\Delta\lambda_k = \varepsilon$,则谱线宽度波长间隔的表示式为

$$\Delta\lambda_k = \frac{\lambda^2}{2\pi nh\cos\theta_k}\frac{1-R}{\sqrt{R}} = \frac{\lambda}{\pi k}\frac{1-R}{\sqrt{R}}, \tag{3.36}$$

用频率表示则有

$$\Delta\nu_k = \frac{c\Delta\lambda_k}{\lambda^2} = \frac{c}{\pi k\lambda}\frac{1-R}{\sqrt{R}}. \tag{3.37}$$

● **多光束干涉的应用**

多光束干涉的干涉条纹细锐,使其具有两方面的重要应用.一方面应用于研究光谱的精细结构和超精细结构.当光源中含有若干靠得很近的光谱成分,它们在多光束干涉中形成各自的细锐环纹.因此通过这些细环纹位置的测量可以获得光谱精细结构的信息.这种研究光谱精细结构的光学仪器称为法布里-珀罗干涉仪,简称 F-P 仪,其结构和光路如图 3-32 所示.作为一种光谱仪,它有三个性能指标:(1) 仪器的色散本领,它定义为仪器对同级不同波长干涉条纹分开的角度,显然分开的角度大些更好,这样有利于对光谱波长的测量.(2) 仪器的色分辨本领,它是仪器对两条谱线的分辨能力,显然,条纹越细锐,谱线越容易分辨.应该注意色分辨本领和色散本领是两个不同的概念,使用中应使两者匹配.(3) F-P 仪相邻光谱序之间有可能重叠,从而造成波长测量上的困难,它导致 F-P 仪有一定的可测光谱范围,称为自由光谱范围.

另一方面的应用是激光器中的选频.设入射光为较宽的连续谱,如图 3-33(a),平行地垂直入射于一 F-P 腔,如图 3-33(b),光在 F-P

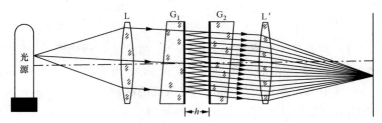

图 3-32 法布里-珀罗干涉仪的结构和光路

腔内作多次反射,每次反射都透射出一束光,这些透射光的相干叠加使透射光的光谱结构明显地区别于入射光谱,成为准分立谱,如图 3-33(c). 那些能突现为谱峰的特定波长必定满足在 F-P 腔内相邻两光束的光程差为其波长的整数倍,即

$$2nh = k\lambda_k \quad 或 \quad \lambda_k = \frac{2nh}{k},$$

这里 k 为干涉级,是整数. 通常以光频 ν_k(Hz)为横坐标表示谱峰位置,则 $\nu_k = \frac{c}{\lambda_k} = k\frac{c}{2nh}$,两相邻谱峰所对应的频率间隔为 $\delta\nu_k = \nu_{k+1} - \nu_k = \frac{c}{2nh}$,表明频差为一常数,与 k 无关,表现在光谱图上是一组等间距的谱峰. 每一谱峰的宽度由(3.37)式确定.

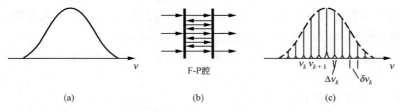

图 3-33 F-P 腔的选频作用

F-P 腔从较宽的连续谱中选出谱峰,生成一些特定波长的狭窄分立谱,如果能够通过特殊的方法从这些狭窄分立谱中选出其中一个谱峰,则可从原有的宽光谱获得极窄的光谱. 激光器中就是用 F-P 腔来压窄光谱获得极窄的光谱,从而具有极好的相干性.

习　题

3.1　在杨氏干涉实验中,用 He-Ne 激光束($\lambda = 6328$ Å)垂直照射两个小孔,两小孔的间距为 1.00 mm,小孔至幕的垂直距离为 100 cm.求下列两种情形下幕上干涉条纹的间距:(1) 整个装置放在空气中;(2) 整个装置放在水中,水的折射率 $n = 1.33$.

3.2　在杨氏干涉装置中,双缝至幕的垂直距离为 2.00 m,双缝间距为 0.342 mm,测得第 10 级干涉亮纹至 0 级亮纹间的距离为 3.44 cm.求光源发出的光波的波长.

3.3　在杨氏干涉装置中,双缝间距 $d = 0.023$ cm,双缝到屏幕的距离 $D = 100$ cm.若光源包含蓝、绿两种色光,它们的波长分别为 4360 Å 和 5460 Å,问两种光的 2 级亮纹相距多少?

3.4　把具有平行器壁的完全相同的两个玻璃容器分别放置在双缝的后面,容器内气体的厚度为 2.00 cm.两容器中均为空气时观察一次干涉条纹;当一个容器中逐渐充以氯气赶走原来的空气时,干涉条纹相对前者移动了 20 个条纹,求氯气的折射率.已知光源波长为 589 nm,空气折射率为 1.000 276.

3.5　用单色光垂直照射到两块玻璃板构成的楔形空气薄膜上,观察反射光形成的等厚干涉条纹.入射光为钠黄光($\lambda = 5893$ Å)时,测得相邻两暗纹间的距离为 0.22 mm.当以未知波长的单色光照射时,测得相邻两暗纹间的距离为 0.24 mm,求未知波长.

3.6　两块平板玻璃互相叠合在一起,一端相互接触,在离接触线 12.50 cm 处用一金属细丝垫在两板之间,以波长 $\lambda = 5460$ Å 的单色光垂直照射,测得条纹间距为 1.50 mm,求金属细丝的直径.

3.7　如图所示,玻璃平板的右侧放置在长方体形晶体上,左侧架于高度固定不变的刀刃,于是在玻璃平板与晶体表面间形成一空气尖劈.玻璃板与晶体的接触线至

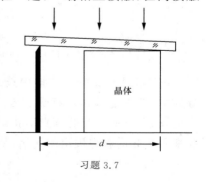

习题 3.7

刀刃的距离 $d=5.00\,\text{cm}$. 今以波长 $\lambda=6000\,\text{Å}$ 的单色光垂直入射,观察由空气尖劈形成的等厚条纹.当晶体由于温度上升而膨胀时,观察到条纹间距从 $0.96\,\text{mm}$ 变到 $1.00\,\text{mm}$,问晶体的高度膨胀了多少?

3.8 利用空气尖劈的等厚干涉条纹可检验平板工作表面的平整度.一标准平板玻璃覆盖在待检工件表面上,所形成的等厚干涉条件如图所示,问待检工件表面是怎样的?如果待检表面有一凹槽,凹槽的深度 H 等于多少?如果待检表面有一凸坎,凸坎的高度 H 等于多少?设入射光的波长已知,图中 a,b 也已知.

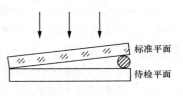

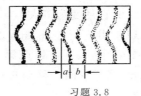

习题 3.8

3.9 块规是机加工用的一种长度标准.它是一块钢质长方体,它的两个端面应相互平行.并磨平抛光,两个端面间距离即长度标准,块规的校准如图所示,其中 G_1 是合格块规,G_2 是与 G_1 同规号待校准的块规,两块规放在平台上,上面覆盖一块平玻璃板,平玻璃板与块规端面形成空气尖劈.用波长为 $589.3\,\text{nm}$ 的单色光垂直照射时,可在块规端面处观察到等厚干涉条纹.

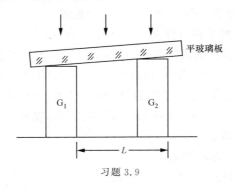

习题 3.9

(1) 在两端面处的干涉条纹间距都是 $l=0.50\,\text{mm}$,试求块规的高度差.G_1 和 G_2 相距 $L=5.0\,\text{cm}$.

(2) 如何判断两块规谁长谁短?

(3) 如果 G_1 端面处的干涉条纹间距是 0.50 mm,G_2 端面处的干涉条纹间距是 0.30 mm,则说明什么问题?

(4) 如果 G_2 与 G_1 同样地合格,则应如何?

3.10 设平凸透镜与平板玻璃良好接触,两者间的空气隙形成牛顿环.用波长为 589 nm 的光波照射,测得从中心算起第 k 个暗纹直径为 0.70 mm,第 $k+10$ 个暗纹直径为 1.70 mm.

(1) 求平凸透镜凸面的曲率半径.

(2) 若形成牛顿环的空气间隙中充满折射率为 1.33 的水,则上述两暗纹的直径变为多大?

3.11 用波长为 589 nm 的黄光观察牛顿环,在透镜与平板玻璃接触良好的情形下;测得第 20 个暗纹(从中心算起)的直径为 0.687 cm.当透镜向上移动 5.00×10^{-4} cm 时,同一级暗纹的直径变为多少?

3.12 一肥皂膜的厚度为 0.550 μm,折射率为 1.35,白光(波长范围为 4000～7000 Å)垂直照射,问在反射光中哪些波长的光得到增强? 哪些波长的光干涉相消?

3.13 为了测量一精密螺栓的螺距,可用此螺栓来移动迈克耳孙干涉仪中的一面反射镜.已知所用光波的波长为 5460 Å,螺栓旋转一周后,视场中移过了 2023 个干涉条纹,求螺栓的螺距.

3.14 在迈克耳孙干涉仪的一臂中放置一 2.00 cm 长的抽成真空的玻璃管.当把某种气体缓缓通入管内时,视场中心的光强发生了 210 次周期性变化,求该气体的折射率.已知光波波长为 5790 Å.

3.15 迈克耳孙干涉仪以波长为 5893 Å 的钠黄光作光源,观察到视场中心为亮点,此外还能看到 10 个亮环.今移动一臂中的反射镜,发现有 10 个亮环向中心收缩而消失.此时视场中除中心亮点外还剩 5 个亮环.求:

(1) 反射镜移动的距离.

(2) 开始时中心亮点的干涉级.

(3) 反射镜移动后,视场中最外圈亮环的干涉级.

3.16 在典型的杨氏干涉装置中,已知光源宽度 $b = 0.25$ mm,双孔间距 $d = 0.50$ mm,光源至双孔的距离 $R = 20$ cm,所用光波波长

为 $\lambda=546$ nm. (1) 试计算双孔处的横向相干宽度. 在观察屏幕上能否看到干涉条纹？(2) 为能观察到干涉条纹, 光源至少应再移远多少距离？

3.17 利用迈克耳孙干涉仪进行长度精密测量, 光源是镉的红色谱线, 波长为 6438 Å, 谱线宽度为 0.01 Å. 问一次测长的量程是多少？如果用波长为 6328 Å 的激光, 谱线宽度为 1×10^{-5} Å, 则一次测长的量程是多少？

3.18 设多光束干涉中的介质板涂银面的光强反射率 $R=64\%$, 试求透射干涉条纹中每两条最亮线当中处的最小相对光强.

3.19 如果法布里-珀罗干涉仪两反射面之间的距离为 1.0 cm, 用绿光 (5000 Å) 做实验, 干涉图样的中心正好是一亮斑. 求第 10 个亮环的角直径.

3.20 设 F-P 腔长 5 cm, 用扩展光源做实验, 光波波长 0.6 μm, 问:

(1) 中心干涉级数为多少？

(2) 在倾角为 1°附近干涉环纹的半角宽度为多少？设反射率 $R=0.98$.

(3) 如果用这个 F-P 腔分辨谱线, 其色分辨本领有多高？可分辨的最小波长间隔有多少？

(4) 如果用这个 F-P 腔对白光进行选频, 透射最强的谱线有几条？每条谱线宽度为多少？

(5) 由于热胀冷缩, 引起腔长的改变量为 10^{-5} (相对值), 求谱线的漂移量为多少？

3.21 有两个波长 λ_1 和 λ_2, 在 6000 Å 附近, 相差 0.001 Å, 要用 F-P 干涉仪把它们分辨开来, 两板的间距 h 需要多大？设反射率 $R=0.95$.

3.22 利用多光束干涉可以制成干涉滤光片. 如图, 在很平的玻璃片上镀一层银, 在银面上加一层透明膜, 例如水晶石 ($3NaF\cdot AlF_3$), 其上再镀一层银, 于是两个银面之间就形成一个膜层, 可产生多光束干涉. 设银面的反射率 $R=0.96$, 透明膜的折射率为 1.55, 膜厚 $h=4\times10^{-5}$ cm, 平行光正入射, 问:

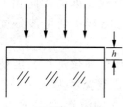

习题 3.22

（1）在可见光范围内，透射最强的谱线有几条？

（2）每条谱线宽度为多少？

4 光的衍射

4.1　衍射现象
4.2　惠更斯-菲涅耳原理
4.3　菲涅耳衍射和菲涅耳半波带法
4.4　夫琅禾费单缝衍射
4.5　夫琅禾费矩孔、圆孔衍射和光学仪器的分辨本领
4.6　多缝衍射和光栅
4.7　X射线衍射
4.8　全息术原理
4.9　相衬显微镜
4.10　纹影法
4.11　傅里叶光学大意

4.1　衍射现象

除了干涉之外,衍射也是波动所特有的现象.光也具有衍射现象,光的衍射现象有力地说明光是波动.

当波的传播遇到障碍物受到限制,发生偏离直线传播(并非指反射和折射)的现象,称为衍射现象.声波和水面波的衍射现象是人们比较熟悉的.在房间里,人们即使不能直接看见窗外的发声体,却能听到从窗外传来的喧闹声;在一堵高墙两侧的人也能听到对方的讲话,这说明声波能绕过障碍物传播.图 4-1 是水面波遇到不同障碍物传播的图像,可以看出,障碍物开口越小,偏离直线传播的衍射现象越显著.

衍射现象还与波长有很大关系,波长越长,衍射现象越显著.光的波长很短,通常难于观察;但是在一定条件下,光偏离直线传播的衍射现象仍然是十分明显的,这种偏离直线传播不仅发生在阴影区内,也发生在照明区内,具体表现为光的强度发生变化,障碍物的几

何阴影失去了清晰的轮廓,并且出现了明暗相间的条纹,如图 4-2 所示.衍射现象的显著与否取决于波长与障碍物开口尺度的比值.

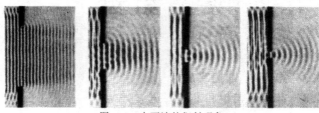

图 4-1　水面波的衍射现象

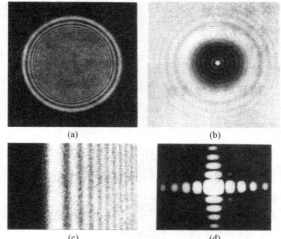

图 4-2　光波的菲涅耳衍射和夫琅禾费衍射

　　光的衍射现象一般分成两类:一类是菲涅耳衍射,又称近场衍射,光源或接收屏距障碍物为有限远,或者光源和接收屏距障碍物都是有限远.图 4-2(a)是菲涅耳圆孔衍射,(b)是菲涅耳圆屏衍射,阴影的中心竟是一个亮点,(c)是菲涅耳直边衍射.另一类是夫琅禾费(J. von Fraunhofer)衍射,又称远场衍射,光源和接收屏距障碍物为无限远,它还包括物(光源)通过透镜成像于像面上,在传播过程中间遇到障碍物的衍射.图 4-2(d)是典型的夫琅禾费矩孔衍射.

　　夫琅禾费衍射从理论上来处理比较简单,然而较为重要,本课程先简要地讨论菲涅耳衍射,然后再较详尽地讨论夫琅禾费衍射.

4.2 惠更斯-菲涅耳原理

- 惠更斯-菲涅耳原理
- 基尔霍夫衍射积分式与基尔霍夫边界条件
- 巴比涅原理

● **惠更斯-菲涅耳原理**

惠更斯-菲涅耳原理是处理波衍射问题的基本原理.

惠更斯原来提出的惠更斯原理是非常粗糙的,在他那个时代对于波的认识是非常肤浅的,只认识到波的振动传播特性,而反映波的空间周期性的波长概念还没有,因此惠更斯原理不过是一个关于波传播的作图法,它可以说明波的直线传播和波的反射、折射,不能说明衍射现象,不能说明衍射的强度分布.后来杨氏做了双缝干涉实验,提出光波干涉的思想,并很好地说明了干涉现象.菲涅耳吸取了惠更斯次波思想,并加入次波相干叠加思想,建立**惠更斯-菲涅耳原理**,它可表述为:**波面上的任意点都可以看作是新的振动中心,它们发出球面次波,空间任意点 P 的振动是该波面上所有这些次波在该点的相干叠加**,用数学公式来表示则为

$$U(P) = \oiint_{\Sigma} \mathrm{d}U(P), \tag{4.1}$$

式中 $\mathrm{d}U(P)$ 为波面上发出的次波传播到 P 点引起的元振动,积分体现了次波在该点的相干叠加.

为了根据惠更斯-菲涅耳原理定量地研究空间任意点 P 的振动,从而解决光的传播问题,还需进一步将(4.1)式具体化.如图 4-3 所示,菲涅耳假设,首先 $\mathrm{d}U(P)$ 应与从光源传播到 Q 点的振动 $U_0(Q)$ 成正比,且

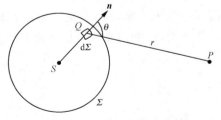

图 4-3 惠更斯-菲涅耳原理

与波面 Σ 上的面元 $d\Sigma$ 成正比;其次 $dU(P)$ 应与 $\dfrac{e^{ikr}}{r}$ 成正比,此项表示从 Q 点传播到 P 点是球面次波;再次 $dU(P)$ 还应与一个倾斜因子 $f(\theta)$ 成正比,菲涅耳假设 $f(\theta)$ 是一个单调下降的函数,当 $\theta=0$ 时,$f(\theta)=1,\theta\geqslant 90°$时,$f(\theta)=0$.这表明不存在后退的次波.于是,(4.1)式可具体表示为

$$U(P) = K \oiint_{\Sigma} U_0(Q) f(\theta) \frac{e^{ikr}}{r} d\Sigma, \qquad (4.2)$$

式中 K 为一比例常数,积分遍及整个包围波源的波面 Σ.

惠更斯-菲涅耳原理是菲涅耳天才直觉的产物,他根据这个原理很好地说明了光的衍射现象,获得极大的成功,从而证明了光是一种波动,赢得了1818年巴黎科学院悬赏征文的大奖.特别令人印象深刻的是,反对光波动说的泊松从菲涅耳理论推出一个结论,即在光投射于小圆盘时,其留下的阴影中心应该出现亮斑,以此驳难菲涅耳,而支持光波动说的阿喇戈很快由实验证明这一论断果真属实,见图 4-2(b).

- **基尔霍夫衍射积分式与基尔霍夫边界条件**

然而凭直觉猜测出来的结果总还有些不甚合理,除了关于倾斜因子假设的人为性之外,特别是为什么波动中存在这样一个惠更斯-菲涅耳原理是一个尚存疑的问题,这些问题于 60 余年后被基尔霍夫解决.1882 年基尔霍夫由波动微分方程出发,利用矢量场论中的格林公式,在 $r,r'\gg\lambda$ 的条件下导出一个衍射积分公式,纠正了菲涅耳一些无关紧要的不足之处,为惠更斯-菲涅耳原理奠定了坚实的数学基础.基尔霍夫得出其衍射积分公式为

$$U(P) = \oiint_{\Sigma} \frac{A e^{ikr'}}{r'} \frac{e^{ikr}}{r} \frac{-i}{\lambda} \cdot \frac{1}{2}[\cos(\hat{n},r') - \cos(\hat{n},r)] d\Sigma,$$

$$(4.3)$$

式中 $\dfrac{A e^{ikr'}}{r'}$ 代表光源在面元 $d\Sigma$ 处引起的振动,它可以看成一个新的振动中心,发出球面次波 $\dfrac{e^{ikr}}{r}$,这个球面次波的振幅与到达 $d\Sigma$ 上的振

动 $\dfrac{A}{r}e^{ikr'}$ 成正比，$f(\theta,\theta')=\dfrac{1}{2}[\cos(\hat{n},\boldsymbol{r}')-\cos(\hat{n},\boldsymbol{r})]$ 是倾斜因子，当选取 Σ 为波面时，$(\hat{n},\boldsymbol{r}')=0$，$(\hat{n},\boldsymbol{r})=\pi-\theta$，有

$$f(\theta,\theta')=\frac{1}{2}(1+\cos\theta). \tag{4.4}$$

原先菲涅耳提出的倾斜因子，为 θ 的单调下降且当 $\theta\geqslant\dfrac{\pi}{2}$ 时 $f(\theta)=0$，它并不正确，只是为了消除后退波所作的人为假设，而基尔霍夫得出的倾斜因子是推导中的逻辑结果，后退波不存在是相干叠加的必然. 积分区域为包围场点 P 的任意闭合曲面 Σ. 衍射积分公式(4.3)式的物理意义是明显的，它表明光源在 P 点引起的振动可以看成是包围场点 P 的闭合曲面 Σ 上发出的次波传播到 P 点的振动的相干叠加[①]. 其次，原先菲涅耳衍射公式中的比例系数 K，在基尔霍夫衍射公式中等于 $-\dfrac{i}{\lambda}=\dfrac{1}{\lambda}e^{-i\frac{\pi}{2}}$，这意味着次波波源的相位并不是波前上该点扰动的相位，而是比它超前 $\dfrac{\pi}{2}$. 这一点并不是只凭直觉能想象得出的，可是它却是保证衍射积分公式在波自由传播情形下不致矛盾的必然结果.

应用衍射积分公式分析计算衍射强度分布，涉及积分闭合曲面的选取. 对于衍射屏限制光束的小开口的情形，基尔霍夫认为边界可由三部分组成，小开口的光孔面 Σ_0，衍射屏挡光平面 Σ_1 和无穷远的大球面 Σ_2，有

$$\Sigma_0+\Sigma_1+\Sigma_2=\Sigma.$$

基尔霍夫认为：

(1) 小开口光孔面 Σ_0 处，场分布 $U(Q)$ 及其导数 $\dfrac{\partial U(Q)}{\partial n}$ 跟没有屏时完全一样；

(2) 衍射屏挡光平面 Σ_1 处，由于对光的反射和吸收，场分布

[①] 惠更斯-菲涅耳原理和基尔霍夫衍射积分公式的积分区域有所不同，前者是包围源点的波面，而后者是包围场点 P 的任意闭合曲面. 可以证明满足一定条件下，两者是一致的，而后者更普遍，参见陈熙谋等，"惠更斯-菲涅耳原理及其发展"，《物理通报》1964 年第 8 期.

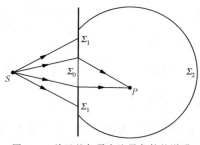

$U(Q)$ 及其导数 $\dfrac{\partial U(Q)}{\partial n}$ 恒为零；

(3) 在无穷远的大球面 Σ_2 上，场分布 $U(Q)$ 和 $\dfrac{\partial U(Q)}{\partial n}$ 的值可任意小，从而 Σ_2 的贡献可以忽略.

图 4-4　关于基尔霍夫边界条件的说明

以上称为基尔霍夫边条件. 据此衍射积分公式化为

$$\widetilde{U}(P) = \frac{-\mathrm{i}}{\lambda}\iint_{\Sigma_0}\widetilde{U}_0(Q)f(\theta,\theta')\frac{\mathrm{e}^{\mathrm{i}kr}}{r}\mathrm{d}\Sigma. \tag{4.5}$$

基尔霍夫边界条件被人们仔细地研究过，严格地说事情并不那么简单. 首先，Σ_2 的面积为无穷大，其整体的贡献是否为零是可疑的；其次，更为存疑的是衍射屏的存在必然在一定程度上干扰 Σ_0 上的场，使之偏离原来的值，它也会干扰 Σ_1 上的场，使之不可能为零；第三，从 Σ_0 到 Σ_1 呈现出的场的突变不可能满足实际的电磁场的边值关系. 然而对于光的衍射所涉及的大多数情形 $r, r' \gg \lambda$，基尔霍夫边界条件提供的简单计算产生的误差不大，只有对无线电波的衍射问题，需要用到严格的电磁理论.

- **巴比涅原理**

由基尔霍夫衍射积分公式(4.5)式可以证明一个有用的结论即巴比涅原理. 如图 4-5 所示，Σ_a 与 Σ_b 是一对透光率互补的屏面，现将它们作为衍射屏先后插

图 4-5　互补屏的效果

入衍射系统中. 设 Σ_a 屏造成的衍射场为 $\widetilde{U}_\mathrm{a}(P)$，互补屏 Σ_b 造成的衍射场为 $\widetilde{U}_\mathrm{b}(P)$，而无障碍时全波前 Σ_0 的自由光场为 $\widetilde{U}_0(P)$. 由于 $\Sigma_\mathrm{a} + \Sigma_\mathrm{b} = \Sigma_0$，根据衍射积分公式得

$$\widetilde{U}_\mathrm{a}(P) + \widetilde{U}_\mathrm{b}(P) = \widetilde{U}_0(P), \tag{4.6}$$

这表明两个互补屏造成的衍射场之和等于自由光场,这个结论称为**巴比涅原理**.

根据巴比涅原理,我们可以由全波前的自由光场 $\widetilde{U}_0(P)$ 和衍射屏 Σ_a 的衍射场 $\widetilde{U}_a(P)$ 推知互补屏 Σ_b 的衍射场 $\widetilde{U}_b(P)$. 特别是由点光源照明,其后装有成像光学系统,并在光源的几何像平面上接收衍射图样的情形,巴比涅原理特别有意义,这时自由光场就是服从几何光学规律传播的光场,它在像平面上除像点 P 之外,$\widetilde{U}_0(P)$ 皆处处等于零,从而除几何像点外处处有

$$\widetilde{U}_a(P) = -\widetilde{U}_b(P), \tag{4.7}$$

取它们与各自复共轭的乘积,则得

$$I_a(P) = I_b(P),$$

即除几何像点之外,在像平面两个互补屏分别产生的衍射图样完全相同.

图 4-6(a)(b) 是一对棱角磨圆的十字孔阵列和其互补屏,(c)(d) 给出它们的衍射场,(e)(f) 分别是方孔阵列和其互补屏的白光衍射场. 可以看出对于互补屏,其衍射只有其中像点的光强有所区别.

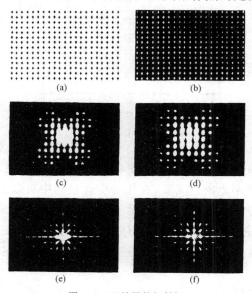

图 4-6 互补屏的衍射场

4.3 菲涅耳衍射和菲涅耳半波带法

- 圆孔衍射和圆屏衍射图样及其特征
- 半波带法对圆孔、圆屏衍射的说明
- 菲涅耳波带片

● **圆孔衍射和圆屏衍射图样及其特征**

衍射系统由光源、衍射屏和接收屏幕组成. 前已述及, 菲涅耳衍射是光源或接收屏幕距衍射屏有限远或者光源和接收屏幕两者距衍射屏都是有限远, 如图 4-7 所示. 典型的数据是圆孔或圆屏的半径为 mm 量级, 光源到圆孔、圆屏的距离 R 为 m 量级, 接收屏幕到圆孔、圆屏的距离 $b \approx 3 - 5$ m.

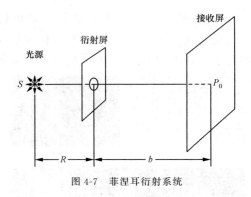

图 4-7 菲涅耳衍射系统

由于衍射系统明显的对称性, 衍射图样是以轴上场点 P_0 为中心的一套亮暗相间的同心圆环, 中心点可能是亮的, 也可能是暗的, 如果我们用可调光阑做实验, 在孔径变化过程中可以发现衍射图样中心亮暗交替变化, 如图 4-8 所示. 我们还可以保持孔径 ρ 不变而移动屏幕, 在此过程中也可观察到衍射图样中心的亮暗交替变化. 中心亮暗的周期性变化随 ρ 的增大是很敏感的, 而随 b 的增大则相当迟钝.

如果用圆屏代替上述实验中的圆孔, 则观察到一些同心圆环状

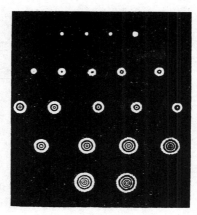

图 4-8 菲涅耳圆孔衍射图样

的衍射图样,与圆孔情形显著不同的是无论改变圆屏半径 ρ 还是距离 b,衍射图样的中心始终是一个亮点,如图 4-2(b)所示. 这就是著名的泊松斑.

- **半波带法对圆孔、圆屏衍射的说明**

半波带法是菲涅耳用惠更斯-菲涅耳原理来说明衍射现象所采用的一种特殊的波前分割叠加方法.

如图 4-9 所示,取波前 Σ 是以点光源 S 为中心的球面,半径为 R,其顶点 O 与场点 P_0 的距离为 b. 以 P_0 为中心,分别以 $b+\frac{\lambda}{2}$, $b+\lambda$, $b+\frac{3}{2}\lambda$, $b+2\lambda$, $\cdots$ 为半径将波前 Σ 分割为一系列环形带. 由于相邻环带至场点 P_0 的光程差均为半波长,故这些环带称为半波带. 设半波带的面积依次为 $\Delta\Sigma_1$, $\Delta\Sigma_2$, $\Delta\Sigma_3$, $\cdots$,它们对场点 P_0 贡献的次波扰动分别为 $\Delta\widetilde{U}_1$, $\Delta\widetilde{U}_2$, $\Delta\widetilde{U}_3$, $\cdots$,则根据惠更斯-菲涅耳原理,P_0 点的总扰动为 $\widetilde{U}(P_0)=\Sigma\Delta\widetilde{U}_R$. 下面我们分析各半波带所贡献的次波扰动之间的相位关系和振幅关系:

(1) 相位关系. 由于各半波带是从同一等相面上分割出来的,它们到 P_0 的光程差逐次递增 $\frac{\lambda}{2}$,因此它们贡献场点的扰动的相位依

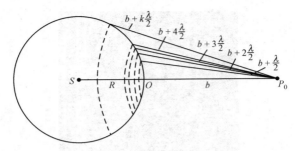

图 4-9 分割波前的半波带法

次递增 π,设 $\Delta\widetilde{U}_1=A_1$,则 $\Delta\widetilde{U}_2=-A_2,\Delta\widetilde{U}_3=A_3,\Delta\widetilde{U}_4=-A_4,\cdots$,从而

$$\widetilde{U}(P_0) = A_1 - A_2 + A_3 - A_4 + \cdots. \tag{4.8}$$

(2) 振幅关系. 根据惠更斯-菲涅耳原理,$A_k = f(\theta_k)\dfrac{\Delta\Sigma_k}{r_k}$,其中 $\Delta\Sigma_k$ 是第 k 个半波带的面积,r_k 是它到场点 P_0 的距离,$f(\theta_k)$ 是倾斜因子. 我们来考查 $\dfrac{\Delta\Sigma_k}{r_k}$. 如图 4-10 所示,球帽的面积

$$\Sigma = 2\pi R^2(1-\cos\alpha),$$

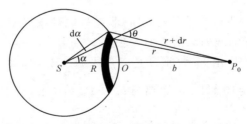

图 4-10 环带面积

图中应用三角形余弦定理有

$$r^2 = (R+b)^2 + R^2 - 2R(R+b)\cos\alpha.$$

分别对以上两式求微分得

$$d\Sigma = 2\pi R^2 \sin\alpha\, d\alpha, \quad r\, dr = 2R(R+b)\sin\alpha\, d\alpha,$$

从而有

$$\frac{d\Sigma}{r} = \frac{2\pi R\, dr}{R+b}.$$

此式的含义可以这样来理解,当 r 有一微小变化 dr 时,两球帽面积

之差为一环带面积 $d\Sigma$. 因此若 $dr = \frac{\lambda}{2}$ 时, $d\Sigma$ 对应的就是半波带的面积, 于是

$$\frac{d\Sigma_k}{r_k} = \frac{\pi\lambda R}{R+b}. \tag{4.9}$$

$\frac{d\Sigma_k}{r_k}$ 与 k 无关, 这表明对于每个半波带来说, 半波带的面积与它到场点 P_0 的距离之比是一个常数, 因此影响 A_k 大小的因素中只剩下倾斜因子 $f(\theta_k)$ 了. 而倾斜因子无论是最初菲涅耳的假设还是基尔霍夫导出的结果都是随 θ 的增大缓慢地下降. 为了对此缓慢下降过程有一深刻的印象, 现按基尔霍夫的结果 $f(\theta) = \frac{1}{2}(1+\cos\theta)$ 计算一例. 设 $\lambda = 600$ nm, $R \sim 1$ m, $b \sim 1$ m, $k = 10^4$, 则 $k \cdot \frac{\lambda}{2} = 3$ mm $\ll R, b$.

$$\cos\theta_k = \frac{(R+b)^2 - R^2 - \left(b+k\cdot\frac{\lambda}{2}\right)^2}{2R\left(b+k\frac{\lambda}{2}\right)} \approx 1 - \frac{k\lambda}{b} = 1 - 0.006, 因此,$$

$\frac{1}{2}(1+\cos\theta) = 1 - 0.003$, 与第 1 半波带相比, $\cos\theta_1 = 1$, $f(\theta_1) = 1$, 第 10^4 半波带对 A_k 的贡献比第 1 半波带对 A_1 的贡献仅少千分之三, 可见 A_k 随 θ 的增大而下降的缓慢程度.

回到(4.8)式, 式中相干叠加表现为各项加减交替, 因此 P_0 点的合成振动的振幅可以用如图 4-11 的矢量图表示出来. 对于未受阻碍的自由传播情形, P 点合成振动的振幅为 $\frac{1}{2}A_1$, 我们以自由光场的光强 $I_0 = A_0^2 = \frac{1}{4}A_1^2$ 作为度量衍射光强的参考值.

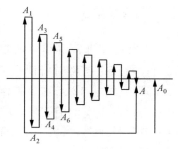

图 4-11 半波带法的矢量叠加图示

对于圆孔衍射, 设想在波前处放置一带圆孔的屏, 当孔的大小刚好露出第 1 半波带时, $U(P_0) = A_1$,

其亮度为 $I(P_0) = A_1^2 = 4A_0^2 = 4I_0$,是一个亮点,其衍射光强是全部半波带贡献的 4 倍,这种局部效应可能大于整体效应是相干叠加特有的性质. 当孔露出两个半波带时,$U(P_0) = A_1 - A_2 \approx 0$,从而 $I(P_0) \approx 0$,中心是一个暗点. 一般说来,当孔的大小包含前面不多的奇数个半波带时,$U(P_0) = A_1 - A_2 + A_3 - A_4 + \cdots + A_k \approx A_1$,中心都是亮点,衍射光强为 $4I_0$;当孔的大小包含前面不多的偶数个半波带时,$U(P_0) \approx 0$,中心都是暗点,$I(P_0) \approx 0$. 这就解释了圆孔衍射图样中心强度随孔半径 ρ 的增大亮暗交替变化的现象. 中心强度随距离 b 变化的现象亦不难理解.

对于圆屏衍射,我们总可以自圆屏边缘算起,作一系列的半波带,此后光并不受到障碍,而最后一个半波带振幅为零,因此 P_0 点的衍射场为

$$U(P_0) = A_k - A_{k+1} + A_{k+2} - \cdots = \frac{1}{2}A_k \approx A_0, \quad I(P_0) \approx I_0.$$

(4.10)

可见,无论半波带总数是奇或偶,中心总是亮点.

以上半波带法定性地说明了菲涅耳衍射的某些特性,但对于圆孔并非露出整数个半波带情形,以及对轴外点的衍射强度,就无法用上述半波带法加以分析,可以进一步作更精细的分割,我们这里就不深究了.

- **菲涅耳波带片**

上面关于菲涅耳衍射的半波带分析启发了一种新的应用. 如果我们在制作衍射屏时将偶数或奇数半波带全部遮挡,则可获得强大的光聚焦. 图 4-12 是这样制作的波带片. 如果一张波带片在其有效尺寸内包含 100 个半波带,其中 50 个偶数半波带被遮挡,或 50 个奇数半波带被遮挡,当用一束平行光照明时,在轴上相应点的衍射振幅和光强分别为

$$U(P_0) = A_1 + A_3 + \cdots + A_{99}$$
$$= A_2 + A_4 + \cdots + A_{100} \approx 50A_1 = 100A_0,$$
$$I(P_0) = (100A_0)^2 \approx 10^4 I_0,$$

即其衍射光强是自由光强的一万倍.

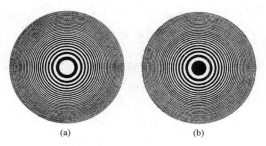

图 4-12 菲涅耳波带片

波带片的这种聚光作用说明它像透镜,其实它与透镜的相似性可由半波带的半径公式中看出. 而半波带半径公式可参看图 4-10, 令 $r+\mathrm{d}r = r + \dfrac{k\lambda}{2}$, 由 $\rho = R\sin\alpha$ 和 $\cos\alpha = \dfrac{R^2 + (R+b)^2 - \left(b + k\dfrac{\lambda}{2}\right)^2}{2R(R+b)}$, 忽略 λ^2 项解出为

$$\rho_k = \sqrt{\frac{Rb}{R+b} k\lambda} = \sqrt{k}\rho_1, \quad k = 1,2,3,\cdots, \quad (4.11)$$

式中 $\rho_1 = \sqrt{\dfrac{Rb\lambda}{R+b}}$, 这表明半波带的半径与序号平方根成正比[①]. 我们可以将此半波带半径公式改写成

$$\frac{1}{R} + \frac{1}{b} = \frac{k\lambda}{\rho_k^2}. \quad (4.12)$$

令 $f = \dfrac{\rho_k^2}{k\lambda} = \dfrac{\rho_1^2}{\lambda}$, 上式化为 $\dfrac{1}{R} + \dfrac{1}{b} = \dfrac{1}{f}$, 此式与透镜成像公式完全相同, R 相当于物距, b 相当于像距, f 则是焦距. $f = \dfrac{\rho_1^2}{\lambda}$ 是波带片的焦距公式, 它表明波带片的焦距 f 与 k 无关; 此外 f 与 λ 成反比, 这正

---

① 此半波带半径公式是实际中制作波带片的依据. 在一张大的白纸上画出半径正比于 $\sqrt{k}$ 的一组同心圆, 把中心圆以及相间的环带涂黑, 然后用照相机缩小拍摄, 经显影、定影后的底片即为奇数半波带透光的波带片; 用此底片复制的胶片即为偶数半波带透光的波带片.

好与玻璃透镜焦距色差相反,因此两者配合使用,有利于消除色差.

与透镜不同,波带片有多个焦点.上面给出的是它的主焦点,此外还有一系列次焦点,它们到波带片的距离分别为 $\frac{f}{3}, \frac{f}{5}, \frac{f}{7}, \cdots$,而且在左侧对称位置还有一系列的虚焦点,如图 4-13 所示.这是由于 3 个、5 个或 7 个带合成一个单带而共同作用的结果.

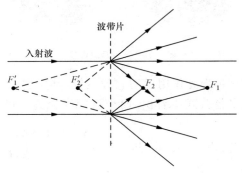

图 4-13　波带片的实焦点和虚焦点

古老的菲涅耳波带片曾一度为人们所淡忘,现代变换光学的兴起,重新唤起了人们对它的重视.经典的波带片与透镜相比,具有面积大、轻便、可折叠等优点,特别适用于长程光通信、卫星激光通信和宇航器上对太阳光能的集收;它与玻璃透镜联合使用于成像消除色差.但是它在充分利用光通量(光能流)方面还存在缺点,它让偶数半波带或奇数半波带挡光,使射于波带片的光通量损失一半,此外它有多个实焦点和虚焦点,无疑是对于光能量的分散和浪费,因为实用上只利用其中的一个焦点或像点.为了克服这一缺点,一种方法是制作相位反转波带片,不是每隔一个半波带挡光,而是增加其厚度,使之相位延迟 π,制成全透明浮雕型波带片,使入射光通量无损失,焦点或像点的光强是同样孔径波带片的 4 倍;另一种方法是制成余弦式环形波带片,它是通过平面波和球面波的干涉技术制成,其透过率函数呈正弦式或余弦式,它具有更为优越的聚焦性能,当平行光照射时,只出现一个实焦点和一个虚焦点.

4.4 夫琅禾费单缝衍射

• 衍射装置和衍射效果   • 强度分布公式   • 强度分布讨论

● **衍射装置和衍射效果**

夫琅禾费单缝衍射装置如图 4-14(a)所示,中间是一个在不透明屏上开有宽度为 b 的单缝,左边为一单色点光源放在透镜 L_1 的焦点上,形成平行光垂直照射单缝,右边为透镜 L_2 和放在 L_2 的焦面上的接收屏.光源和接收屏相对于单缝都可认为是在无限远.图 4-14(b)为接收屏上观察到的衍射花样.

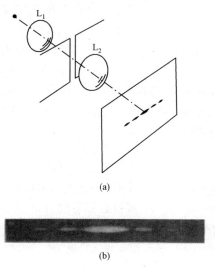

图 4-14 夫琅禾费单缝衍射

现在设想一下,在上述装置中没有中间的单缝,则在接收屏上观察到的是中央有一个亮点,光源的光经透镜 L_1 成平行光,平行光再经透镜 L_2 会聚于焦点,它是光源的像点.现在在透镜之间放置一个竖直单缝,即在水平方向限制光束,于是发生偏离直线传播的衍射,衍射在水平方向上展宽,并出现了亮暗的分布;在竖直方向上没有限制光束,不发生衍射.单缝越窄,在水平方向限制光束越厉害,衍射在水平方向上展得越宽.

下面根据惠更斯-菲涅耳原理导出接收屏上的强度分布公式.

● **强度分布公式**

为了看得更清楚,画出图 4-14(a)衍射装置的俯视图,如图 4-15 所示,单缝在图中垂直图面,缝宽为 a. 由于其他部分都被挡住,根据惠更斯-菲涅耳原理,接收屏上 P 点的振动是单缝开口处各点发出的次波在 P 点的相干叠加. 将单缝开口分割成一系列与缝长平行的等宽细窄条,这些窄条处于光源光波的波面上,各窄条处的振动是同相位的. 由于透镜的等光程性,各窄条发出的次波传播

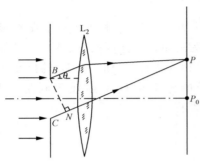

图 4-15　夫琅禾费单缝衍射

到 P 点引起的振动有一定的相位差. 这一相位差从单缝的上沿 B 到下沿 C 是逐点增加的,首尾两窄条在 P 点振动的光程差为 $\Delta = \overline{CN} = a\sin\theta$,相应的相位差为

$$\delta = \frac{2\pi}{\lambda}\Delta = \frac{2\pi}{\lambda}a\sin\theta. \qquad (4.13)$$

下面采用两种方法具体计算. 屏幕上衍射强度分布,矢量图解法计算简单,图像清晰且形象,而复数积分法计算准确,更为贴切.

(1) 矢量图解法. 上述每一窄条发出的次波在 P 点的振动对应于一个矢量,各窄条发出的次波在 P 点的相干叠加对应于矢量叠加,如图 4-16,由 B 点作一系列等长的小矢量依次相接,逐个转过一个相同的小角度,最后到达 C 点,共转过的角度就是首尾两窄条的次波在 P 点的相位差 δ. 在窄条充分窄的极限情形下,小矢量连成的折线化为圆弧. 设圆心为 O,半径为 R,圆心角为

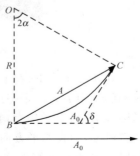

图 4-16　单缝的矢量图解

2α,显然 $2\alpha=\delta$. P 点合成振动的振幅为 A,可以通过对应的矢量叠加求得,即为

$$A = 2R\sin\alpha,$$

而 $R=\dfrac{\widehat{BC}}{2\alpha}=\dfrac{A_0}{2\alpha}$,故

$$A = A_0 \frac{\sin\alpha}{\alpha}, \tag{4.14}$$

A_0 为圆弧的长度,即把圆弧撑成直线的长度,也就是各窄条次波传播到 P 点的振动相位差为零所叠加的长度,它对应于 $\theta=0$ 即接收屏中心 P_0 处的振幅 A_0.

由于强度与振幅平方成正比,因此夫琅禾费单缝衍射强度分布公式为

$$I = I_0 \frac{\sin^2\alpha}{\alpha^2}, \tag{4.15}$$

I_0 为接收屏中央的强度,$\alpha=\dfrac{\delta}{2}=\dfrac{\pi a}{\lambda}\sin\theta$,$\theta$ 称为衍射角.

(2) 复数积分法

菲涅耳-基尔霍夫衍射积分公式为

$$\widetilde{U}(P) = \frac{-\mathrm{i}}{\lambda}\iint_{\Sigma_0}\widetilde{U}_0(Q)\frac{\mathrm{e}^{\mathrm{i}kr}}{r}f(\theta_0,\theta)\mathrm{d}\Sigma,$$

将它用于计算夫琅禾费单缝衍射强度分布需要将其具体化,式中 $f(\theta_0,\theta)$ 是倾斜因子. 由于 $f(\theta_0,\theta)$ 随 θ 变化缓慢,可取 $f(\theta_0,\theta)=1$,$\widetilde{U}_0(Q)$ 是缝处振动复振幅,由于入射光是平行光垂直入射,可设其为 A,$\dfrac{\mathrm{e}^{\mathrm{i}kr}}{r}$ 是缝处的次波传播到 P 点引起的复振幅的变化,其中 $\mathrm{e}^{\mathrm{i}kr}$ 表示引起的相位滞后,指数部分的 kr 可用缝面中心 O 的相对相位差来表示,

$$kr = kr_0 + k\Delta r = kr_0 - kx\sin\theta.$$

应该指出,相位变化对 r 的依赖是极其敏感的,r 仅有波长量级的变化,则相位有 2π 的变化;而 $\dfrac{1}{r}$ 因子反映次波传播到 P 点引起的振幅变化,由于 $r\gg\lambda$,r 仅有波长量级的变化时,振幅的变化可忽略,因此

$\frac{1}{r}$ 可认为是某个取决于光源和观察点位置的常数 $\frac{1}{r_1}$,可以提到积分号外. $d\Sigma$ 是缝处的二维面元,由于仅在 x 方向限制光束,仅在 x 方向发生衍射,y 方向未限制光束,在 y 方向上不发生衍射,因此可取平行于缝方向的细窄条作为面元简化计算,即 $d\Sigma = bdx$,式中 b 是细窄条沿缝方向的长度. 式中 $-\frac{i}{\lambda}$ 意义同前,i 是虚数 $\sqrt{-1}$,λ 是光波波长;场点的位置由衍射角 θ 表示,于是得

$$\widetilde{U}(\theta) = \frac{-i}{\lambda} A e^{ikr_0} \frac{b}{r_1} \int_{-a/2}^{a/2} e^{-ikx\sin\theta} dx$$

$$= \widetilde{C} \int_{-a/2}^{a/2} e^{-ikx\sin\theta} dx = \widetilde{C} a \frac{\sin\alpha}{\alpha}, \quad (4.16)$$

式中

$$\widetilde{C} = \frac{-i}{\lambda} Ab \frac{e^{ikr_0}}{r_1}, \quad \alpha = \frac{ka\sin\theta}{2} = \frac{\pi a}{\lambda}\sin\theta. \quad (4.17)$$

当 $\theta = 0$ 时,$\widetilde{U}(\theta) = \widetilde{U}(0)$,$\frac{\sin\alpha}{\alpha} \to 1$,因此 $\widetilde{U}(0) = \widetilde{C}a$,于是有

$$\widetilde{U}(\theta) = \widetilde{U}(0) \frac{\sin\alpha}{\alpha}. \quad (4.18)$$

取其绝对值的平方,得

$$I_\theta = \frac{I_0 \sin^2\alpha}{\alpha^2},$$

其中 $I_0 = \widetilde{U}^*(0)\widetilde{U}(0)$ 是衍射场中心强度,这正是前面用矢量图解法得到的结果.

- **强度分布讨论**

将夫琅禾费单缝衍射的强度分布公式按 I-$\sin\theta$ 作图,得图 4-17 的强度分布曲线,中央是强度的主极大,两边对称地交替出现强度为零和一些次极大.

主极大出现在 $\theta = 0$ 的位置,即接收屏的中央,强度为 I_0. 从物理上容易理解,单缝上各窄条发出的次波到达接收屏中央 O 点的振动的相位相同,振动相互相长,因而合成振动的振幅最大,强度最大,最亮.

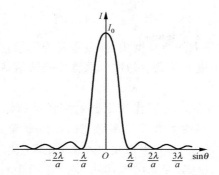

图 4-17 夫琅禾费单缝衍射强度分布曲线

强度极小的位置满足

$$a\sin\theta = k\lambda, \quad k = \pm 1, \pm 2, \pm 3, \cdots. \tag{4.19}$$

从物理上可以这样来理解,把单缝从中间分成宽度相等的两部分,对于第一个极小位置($k=\pm 1$),单缝首尾两窄条 B 和 C 在该点的光程差为 $\Delta = a\sin\theta = \lambda$,相应的相位差为 $\delta = 2\pi$,那么单缝上半部各窄条与单缝下半部对应的各窄条的相位差为 π,从而振动相互相消,强度为零,因而是强度极小.

在两个相邻的强度极小值之间有一个次极大,可以从强度公式的求导中求得,它们的位置满足

$$\alpha = \tan\alpha. \tag{4.20}$$

利用作图法可以求得此超越方程的解为

$$\alpha = \pm 1.430\pi, \pm 2.459\pi, \pm 3.471\pi, \cdots.$$

对应的 $\sin\theta$ 值为

$$\sin\theta = \pm 1.430\frac{\lambda}{a}, \pm 2.459\frac{\lambda}{a}, \pm 3.471\frac{\lambda}{a}, \cdots. \tag{4.21}$$

次极大的强度比主极大的强度要小得多,通过单缝的光能经衍射后,绝大部分集中在零级主极大衍射斑内.

主极大有一定的宽度,其宽度可以用半角宽度来衡量,它用第一个极小值的位置到中心所张的衍射角来表示,

$$\Delta\theta \approx \sin\theta - \sin 0° = \frac{\lambda}{a},$$

而次极大的角宽度用相邻两个极小值的位置所张的衍射角表示

$$\Delta\theta = \sin\theta_k - \sin\theta_{k-1} = \frac{\lambda}{a},$$

可见单缝衍射次极大的角宽度相等，分布是均匀的，而主极大的半角宽度与之相等，主极大的宽度为次极大宽度的两倍，这些与实际观察到的结果一致．

　　主极大的半角宽度可以作为衍射效应强弱的标志，也就是说衡量衍射是否显著，可由光波波长和缝宽的比值来确定．当 a 减小，即限制光束增强时，主极大的半角宽度增大，各级次极大向两侧疏展，衍射现象更显著；反之，当 a 增大，即限制光束减小时，主极大的半角宽度收缩，各级次极大向中央靠拢，衍射现象不显著．在 $a \gg \lambda$ 的极限情形下，整个衍射花样收缩于一亮点，它正是透镜 L_1 和 L_2 所成的点光源的像点．零级衍射斑的中心是几何光学的像点，这是具有普遍意义的结论．利用这一点可较容易地找到零级衍射斑的位置．

　　下面进一步说明几点：

　　(1) 实际观察夫琅禾费单缝衍射也常采用缝光源．在光源前面放置一个很细的狭缝，狭缝放在透镜 L_1 的焦面上，此狭缝就是一个缝光源，它通过平行于缝光源的单缝所形成的衍射花样如图 4-18 所示．可以想见，当不存在单缝时，缝光源经透镜 L_1 和 L_2 在接收屏上成的像是一直线；当插入平行单缝时，在垂直单缝方向上限制光束，在此方向上发生偏离直线传播的衍射现象，其强度分布与上面的结论相同，由 (4.15) 式描述．

　　(2) 当光源采用白光时，每种波长的光形成各自的衍射花样，其主极大均在衍射角 $\theta=0$ 处，而同级极小值和次极大的位置随波长增大而略有增加，于是观察到的效果是主极大仍然是白色的，两旁对称地分布几个彩色的衍射斑（或条纹），级次更高时，各色光的次极大交错重叠连成均匀一片．

　　(3) 在图 4-15 中，单缝上下平行移动，不影响衍射强度分布，这是因为单缝平行移动并不改变零级衍射斑的位置，也不改变极小值和次极大的位置．然而当光源向上或向下移动，接收屏上的衍射花样会发生一些变化．当光源向上移动，入射到单缝的平行光以入射角 i 入射时，如图 4-19 所示，到达 P 点的振动的光程差还应包括因斜入

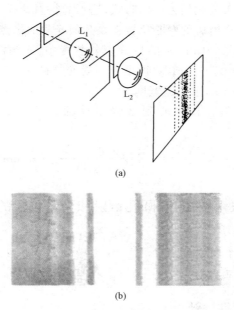

(a)

(b)

图 4-18 缝光源时的夫琅禾费单缝衍射

射而引起的那部分,因此单缝首尾两窄条总的光程差为

$$\Delta = a\sin\theta + a\sin i,$$

于是

$$\alpha = \frac{\pi a}{\lambda}(\sin\theta + \sin i), \tag{4.22}$$

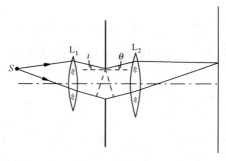

图 4-19 斜入射时的夫琅禾费单缝衍射

而衍射强度分布公式仍为(4.15)式,这引起衍射花样平行向下移动,这可以从零级衍射斑的中心位置就是几何光学的像点看出来.

例 1 在图 4-18 所示的单缝衍射装置中,光源波长为 6328Å,透镜 L_2 的焦距为 60 cm,测得幕上衍射花样的正、负 2 级暗纹之间的距离为 0.76 cm,求单缝宽度.

解 从衍射花样中心到 2 级暗纹的线距离 $l = 0.38$ cm,由 (4.19)式,

$$a = \frac{2\lambda}{\sin\theta} \approx \frac{2\lambda}{\theta} \approx \frac{2\lambda f}{l} = \frac{2 \times 6.328 \times 10^{-5} \times 60}{0.38} \text{ cm} = 0.020 \text{ cm}.$$

4.5　夫琅禾费矩孔、圆孔衍射和光学仪器的分辨本领

- 夫琅禾费矩孔衍射
- 夫琅禾费圆孔衍射
- 光学仪器的分辨本领

● 夫琅禾费矩孔衍射

矩孔衍射强度分布公式的推导与单缝衍射情形类似,不过现在在 x 和 y 方向都限制光束,需要作二维处理. 考虑波前上 Q 点和波前上原点 O 到接收屏上 P 点的光程差,如图 4-20(b),把 $\overrightarrow{OQ}$ 看作一个矢量,它的分量表示是 $(x,y,0)$. 衍射线方向的单位矢量 $\hat{r}$ 的分量表示为 $(\cos\alpha,\cos\beta,\cos\gamma)$,光程差 Δr 等于 $\overrightarrow{OQ}$ 在 $\hat{r}$ 上的投影长度,即两矢量的标积,故

$$\Delta r = r - r_0 = -(x\cos\alpha + y\cos\beta) = -(x\sin\theta_1 + y\sin\theta_2),$$

最后一步利用了 (θ_1,θ_2) 与 (α,β) 的余角关系. 类似单缝衍射的一维情形,由衍射积分公式得

$$\begin{aligned}
\widetilde{U}(\theta_1,\theta_2) &= \widetilde{C}\int_{-a/2}^{a/2} dx \int_{-b/2}^{b/2} dy\, e^{ik\Delta r} \\
&= \widetilde{C}\int_{-a/2}^{a/2} e^{-ikx\sin\theta_1} dx \cdot \int_{-b/2}^{b/2} e^{-iky\sin\theta_2} dy \\
&= ab\widetilde{C}\,\frac{\sin\alpha}{\alpha}\frac{\sin\beta}{\beta} = \widetilde{U}(0,0)\frac{\sin\alpha}{\alpha}\frac{\sin\beta}{\beta}, \quad (4.23)
\end{aligned}$$

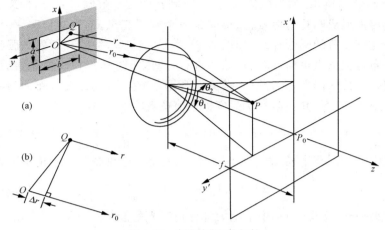

图 4-20 夫琅禾费矩孔衍射

式中

$$\widetilde{C} = \frac{-\mathrm{i}}{\lambda} A \frac{\mathrm{e}^{\mathrm{i}kr_0}}{r_1}, \tag{4.24}$$

$$\alpha = \frac{ka}{2}\sin\theta_1 = \frac{\pi a}{\lambda}\sin\theta_1, \quad \beta = \frac{kb}{2}\sin\theta_2 = \frac{\pi b}{\lambda}\sin\theta_2. \tag{4.25}$$

于是有

$$I(P) = I_0 \frac{\sin^2\alpha}{\alpha^2}\frac{\sin^2\beta}{\beta^2}, \tag{4.26}$$

其中 $I_0 = \widetilde{U}^*(0,0)\widetilde{U}(0,0) = a^2 b^2 C^2$ 是衍射场中心的光强. 矩孔衍射相对强度 $I(P)/I_0$ 是两个单缝衍射因子的乘积, 衍射在点光源几何光学的像点周围沿两个互相垂直方向亮暗亮暗地铺展开来, 如前面的图 4-2(d)所示, 在一个方向上限制光束越强, 则在这个方向上衍射铺展得越开阔.

- **夫琅禾费圆孔衍射**

上面我们已经看到单缝在一个方向上限制光束的传播, 就在这个方向上发生偏离直线传播, 光束展宽具有一定的强度分布, 形成单缝衍射花样. 如果使用矩孔, 沿相互垂直的两个方向上限制光束, 则在此相互垂直的方向上偏离直线传播, 形成矩孔衍射花样, 如前面

图 4-2(d)所示. 如果障碍物是圆孔,则在四面都限制了光束,偏离直线传播形成圆孔衍射花样,中间是一个圆形亮斑,称为艾里斑,外围是亮暗交替的圆形环纹,如图 4-21 所示. 夫琅禾费圆孔衍射的强度分布可根据惠更斯-菲涅耳原理进行计算,不过运算比较复杂,结果用一个特殊函数(一阶第一类贝塞耳函数)表示,其强度分布曲线示于图 4-21 中. 其中第一个强度极小值位置在

$$\sin\theta = 0.61\frac{\lambda}{a} = 1.22\frac{\lambda}{d}, \quad (4.27)$$

式中 a 为圆孔半径,d 为圆孔直径,也就是说中央亮斑的半角宽度为

$$\Delta\theta = 0.61\frac{\lambda}{a} = 1.22\frac{\lambda}{d}. \quad (4.28)$$

中央亮斑(艾里斑)集中了绝大部分衍射光的能量.

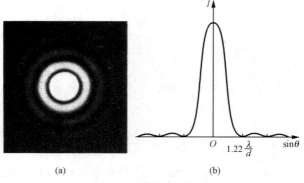

图 4-21 夫琅禾费圆孔衍射强度分布

由(4.27)式可以看出,圆孔的直径越小,限制光束的作用越强,则艾里斑越大,衍射越显著;反之,圆孔的直径越大,艾里斑越小,衍射现象越不显著. 当圆孔直径比波长大得多时,艾里斑和周围的各次极大环纹向中心收缩成一点,这正是几何光学的结果.

- **光学仪器的分辨本领**

成像光学仪器都有限制光束的孔径. 望远镜、显微镜限制光束的孔径是物镜的边框,人眼也是成像光学仪器,其限制光束的孔径是瞳孔. 物光通过光学仪器成像时,由于衍射作用,物点所成的像不是点

状像,而是一个艾里斑.一个复杂的物可以看成是由许多不同亮度的物点组成.通过光学仪器看一个物,看到的是每个物点的艾里斑的组合,这些艾里斑的强度叠加会使得物的清晰度受到限制.

考虑有两个物点,如图 4-22 所示.当两个物点对光学仪器所张的角度 φ(角距离)大于其艾里斑的半角宽度,即 $\varphi > 1.22\dfrac{\lambda}{d}$ 时,两个艾里斑没有重叠,它们显然是可以分辨的;当两个物点的角距离小于其艾里斑的半角宽度,即 $\varphi < 1.22\dfrac{\lambda}{d}$ 时,两个艾里斑重叠,由于不同物点发出的光是不相干的,非相干叠加的结果与一个物点没有区别,不能分辨究竟是一个物点还是两个物点;当两个物点的角距离刚好等于艾里斑的半角宽度即 $\varphi = 1.22\dfrac{\lambda}{d}$ 时,一个艾里斑中心正好落在另一个艾里斑的边缘处,非相干叠加的结果使两艾里斑中间的强度为最大光强的 80%,对于大多数人来说恰能分辨,通常就以此作为恰能分辨的判据.这一判据最早是瑞利(T. B. Rayleigh)提出来的,故称为**瑞利判据**.由此,成像光学仪器的最小分辨角为

$$\varphi_{\min} = 1.22\frac{\lambda}{d}, \tag{4.29}$$

相应的最小分辨距离为

$$l_{\min} = f\varphi_{\min} = 1.22\frac{\lambda f}{d}, \tag{4.30}$$

式中 f 为物镜的焦距.

当明亮照明时,人眼瞳孔的直径约 2 mm,取波长 $\lambda = 5.5 \times 10^{-7}$ m,则人眼的最小分辨角

$$\varphi_{\min} = 1.22 \times \frac{5.5 \times 10^{-7}}{2 \times 10^{-3}} \approx 3.4 \times 10^{-4} = 1',$$

这与视网膜上感光细胞分布的密度非常精巧地一致,即此时两个物点的像落在相邻的两个感光细胞上.当照明较弱时,瞳孔可增加到 8 mm,这时从瞳孔的衍射效应来说,艾里斑的半角宽度减小了,最小分辨角可更小些,但是从视网膜上感光细胞分布的密度来看,最小分辨角仍是 $1'$.

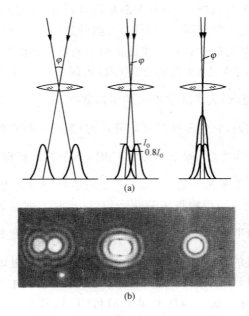

图 4-22 可分辨、恰可分辨和不可分辨

助视光学仪器具有一定的放大率,帮助人眼更好地分辨物体的细节.应该指出光学仪器的放大率放大了像点之间的距离,同时也放大了物的艾里斑,光学仪器原来所不能分辨的东西,放得再大,仍然不能分辨.因此光学仪器的放大率只须将仪器的最小分辨角放大到人眼的最小分辨角即可,多余的放大无济于事,只是增加仪器的造价.要提高光学仪器分辨细节的能力应提高仪器的分辨本领,减小其最小分辨角.提高望远镜分辨本领的措施是增大物镜的口径;而显微镜增大物镜的口径是不可能的,所以光学显微镜的放大倍数有一定的限度,大约为 2000 倍,进一步改进的措施是发展电子显微镜,其波长为 10^{-10} m 量级.

4.6 多缝衍射和光栅

- 多缝衍射强度分布公式
- 强度分布讨论
- 光栅光谱
- 角色散率和色分辨本领
- 闪耀光栅
- 正弦光栅(余弦光栅)

● 多缝衍射强度分布公式

多缝是一种具有周期性结构,从而能够等宽、等间隔地分割入射波面的光学元件.例如在一块透明平板上均匀地刻划出一系列等宽等间隔的平行刻线,就成为平面光栅,入射光只能在未刻的透明部分通过,在刻痕上因漫反射而不能通过,这种光栅实际上相当于由等宽等间隔的平行狭缝组成,如图 4-23 所示. 当用平行于狭缝的线光源发出的平行光垂直照射时,这些来自各平行狭缝的光波是来自同一光源的,因而是相干的.它们形成了多缝衍射.

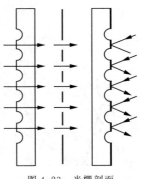

图 4-23 光栅剖面

光栅可以是透射式的,也可以是反射式的.例如在高反射率金属面上刻线,入射光在未刻的光亮部分反射,各光亮部分的反射光来自同一光源,它们也是相干的,形成类似的多缝衍射.下面我们导出多缝夫琅禾费衍射强度分布公式.

多缝夫琅禾费衍射装置如图 4-24 所示. S 为与纸面垂直的狭缝光源,它位于透镜 L_1 的焦面上,接收屏幕放在 L_2 的焦面上, L_1, L_2 共轴,在 L_1 和 L_2 之间垂直放入多缝,缝的宽度为 a,缝间不透明部分的宽度为 b. $a+b=d$ 是相邻缝之间的距离,反映多缝的周期性结构,称为**光栅常数**. 总的缝数为 N.

前面已经讲到,每个单缝在幕上形成一个单缝衍射花样,不同单缝在幕上形成的衍射花样相同且彼此相重合.应该注意,现在从每个单缝射出的光波都是由同一光源来的,它们彼此是相干的,在幕上得

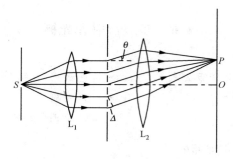

图 4-24 多缝夫琅禾费衍射装置和光路

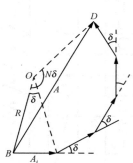

图 4-25 多缝衍射缝间干涉的矢量作图

到的就不是这 N 个单缝衍射强度的简单相加,要考虑这 N 个单缝射出的光波的相干叠加.

设每个缝射出的光波沿衍射角为 θ 方向到达幕上 P 点的振幅为 A_i,相邻缝射出的光波在 P 点振动的光程差为 $\Delta = d\sin\theta$,相位差为 $\delta = \dfrac{2\pi}{\lambda} d\sin\theta$,各缝在 P 点引起的振动用矢量图表示,构成一多边形,如图 4-25 所示. 在 P 点合成振动的振幅为 $A = \overline{BD}$. 根据图中的几何关系,容易得出

$$A = 2R\sin\frac{N\delta}{2}, \quad A_i = 2R\sin\frac{\delta}{2},$$

所以
$$A = A_i \frac{\sin\dfrac{N\delta}{2}}{\sin\dfrac{\delta}{2}}. \qquad (4.31)$$

而 A_i 是单缝沿衍射角 θ 方向的光在 P 点的振幅,根据单缝夫琅禾费衍射(4.15)式,多缝夫琅禾费衍射在 P 点相干叠加的振动振幅为

$$A = A_0 \frac{\sin\alpha}{\alpha} \frac{\sin N\beta}{\sin\beta}. \qquad (4.32)$$

相应的强度为

$$I = I_0 \frac{\sin^2\alpha}{\alpha^2} \frac{\sin^2 N\beta}{\sin^2\beta}, \qquad (4.33)$$

式中 I_0 是光通过一个单缝在幕中央 P_0 的强度,

$$\alpha = \frac{\pi b}{\lambda}\sin\theta, \quad \beta = \frac{\delta}{2} = \frac{\pi d}{\lambda}\sin\theta. \quad (4.34)$$

(4.33)式就是多缝夫琅禾费衍射强度分布公式,其中 $\frac{\sin^2\alpha}{\alpha^2}$ 是与单缝衍射有关的因子,称为**衍射因子**, $\frac{\sin^2 N\beta}{\sin^2\beta}$ 是与缝间干涉有关的因子,称为**干涉因子**.

- **强度分布讨论**

多缝衍射的强度分布可分成干涉因子和衍射因子予以讨论,最后再加以综合.讨论的方法就是确定强度极大值和极小值.下面先讨论多缝干涉因子,其强度分布的特点如下:

(1) 强度极大值位置满足

$$d\sin\theta = k\lambda, \quad k = 0, \pm 1, \pm 2, \cdots. \quad (4.35)$$

由于 $d\sin\theta$ 是相邻两缝的光程差,因此相邻两缝出射的光在 P 点的振动的相位差为 $\delta = \frac{2\pi}{\lambda}d\sin\theta = 2k\pi$,即各缝出射的光在 P 点振动的步调一致,彼此相长.在 P 点合振动的振幅为单缝的 N 倍,强度为单缝的 N^2 倍.此强度极大值为主极大.(4.35)式称为**光栅方程**,即衍射角 θ 满足光栅方程时强度为主极大.

(2) 强度极小值位置满足 $\sin N\gamma = 0$ 而 $\sin\gamma \neq 0$,即

$$Nd\sin\theta = m\lambda, \quad m \neq kN, \quad (4.36)$$

m 为一系列整数,但 $m \neq kN$. 从干涉因子可以看出,此时分子为零,分母不为零,因此强度 $I = 0$,是极小值.从物理上可以这样来理解:设多缝数目 N 很大,当 $m = 1, Nd\sin\theta = \lambda$,这表明从第 1 个缝和第 N 个缝出射的光在 P 点的光程差为 λ,我们可以把多缝从中间分成两组,两组中相应的缝之间的光程差为 $\lambda/2$,相位差为 π,它们的振动相互抵消,从而 P 点的强度为零.

整数 m 的具体取值为

$$m = \pm 1, \pm 2, \cdots, \pm(N-1), \pm(N+1),$$
$$\pm(N+2), \cdots, \pm(2N-1), \pm(2N+1), \cdots,$$

可见在两个相邻的主极大之间均匀分布着 $N-1$ 个强度为零的极小值.

(3) 次极大. 在两个相邻的极小值之间有一个次极大,在两个相邻的主极大之间有 $N-2$ 个次极大.

图 4-26(a)具体画出 $N=6$ 时干涉因子分布曲线,其中主极大的位置在 $\sin\theta=0,\dfrac{\lambda}{d},\dfrac{2\lambda}{d},\dfrac{3\lambda}{d},\cdots$;极小值的位置在 $\sin\theta=\dfrac{\lambda}{6d},\dfrac{2\lambda}{6d},\dfrac{3\lambda}{6d},\dfrac{4\lambda}{6d},\dfrac{5\lambda}{6d},\dfrac{7\lambda}{6d},\cdots$,等等,两个相邻主极大之间均匀分布着 5 个极小值;两个相邻极小值之间有一个次极大,两个相邻主极大之间有 $N-2=4$ 个次极大.

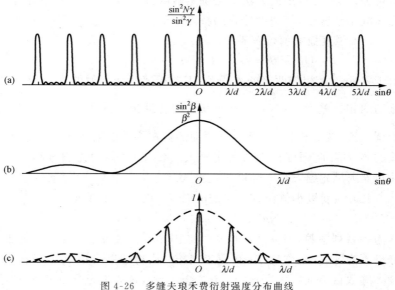

图 4-26　多缝夫琅禾费衍射强度分布曲线

衍射因子引起的强度分布在前面单缝夫琅禾费衍射中已经讨论过,其强度分布如图 4-17 所示,现在重新画在图 4-26(b)中. 由于 $a<d$,衍射因子的第一个极小值位置在外面. 整个多缝衍射的强度分布是干涉因子和衍射因子的乘积,干涉因子受到衍射因子的调制,如图 4-26(c)所示. 综合起来,多缝夫琅禾费衍射的强度分布的特征是

干涉因子　主极大位置　$d\sin\theta = k\lambda$, $k=0,\pm 1,\pm 2,\cdots$;
　　　　　极小值位置　$Nd\sin\theta = m\lambda$, $m\neq kN$;
　　　　　次极大　　　两个相邻主极大之间有 $N-2$ 个次极大.
衍射因子　极小值位置　$a\sin\theta = n\lambda$, $n=\pm 1,\pm 2,\cdots$.

如果缝间干涉的第 p 级主极大与单缝衍射的第 q 级极小相重合,表明沿该衍射角 θ 方向本来就没有衍射光,当然也就没有缝间干涉的主极大,这时强度分布就缺少 p 级主极大,称为缺级.缺级发生在当 d 与 a 成简单整数比的时候.设 $d = \dfrac{p}{q}a$,则 p 级缺级,而且 $\pm p$, $\pm 2p, \pm 3p, \cdots$ 都缺级.图 4-27 画出光栅为 $N=5$, $d=3a$ 时的缺级情形.

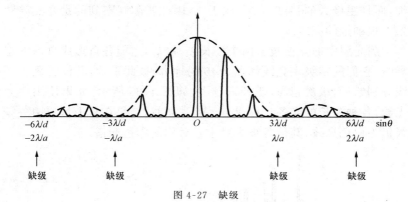

图 4-27　缺级

例 1　以波长为 5893Å 的钠黄光垂直入射到光栅上,测得第 2 级谱线的偏角为 $28°8'$.用另一未知波长的单色光入射时,它的第 1 级谱线的偏角为 $13°30'$.(1) 求未知波长.(2) 未知波长的谱线最多能观察到第几级.

解　(1) 设 $\lambda_0 = 5893\text{Å}$,λ 为待测波长,根据题意
$$d\sin\theta_0 = 2\lambda_0,$$
$$d\sin\theta = \lambda.$$
由此得
$$\lambda = 2\lambda_0 \frac{\sin\theta}{\sin\theta_0} = 2\times 5893 \times \frac{0.2334}{0.4715}\text{Å} = 5835\text{Å}.$$

(2) 能看到最大级次谱线的偏角不大于 $90°$，因此对于波长为 5835Å 的谱线，其最大级次为

$$k < \frac{d}{\lambda} = \frac{2\lambda_0}{\lambda \sin \theta_0} = \frac{2 \times 5893}{5835 \times 0.4715} = 4.3,$$

所以能观察到第 4 级谱线.

- 光栅光谱

实际使用的光栅的缝数 N 是相当大的，通常 N 总有数万至数十万条. 当使用单色光垂直照射时，主极大出现在满足光栅方程的地方. 由于两个相邻的主极大之间均匀分布着 $N-1$ 个极小值，$N-2$ 个次极大，当缝数 N 很大时，这些极小和次极大把主极大挤压得很细，而且主极大的强度与 N^2 成正比，因此实际观察到的是在黑暗背景上很细锐的亮线.

当光源中的光波包含两个波长 λ_1 和 λ_2，它们各自形成自己的主亮线. 它们的零级主亮线都在 $\theta=0$ 的地方，彼此重合，其他各级主亮线分别错开，级次越高，错开得越大，如图 4-28 所示. 如果使用白光光源，各种波长的光各自形成自己的主亮线，结果在幕上形成中央零级仍为白色亮线，其他各级为对中心对称的彩色光谱.

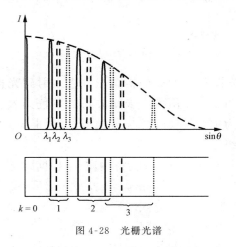

图 4-28 光栅光谱

光栅除了零级之外，其他各级可将光源中不同色光分开来的性

质称为色散. 原子、分子发出的光谱与它们的结构有关, 每种原子都发射特定的光谱, 光谱线的强度与物质中该原子的含量有关. 光栅作为分光仪器, 可根据实验测定光谱线的波长和光谱线的强度, 确定光源中的物质成分及其含量, 在物质结构研究中起着重要的作用.

- **角色散率和色分辨本领**

角色散率和色分辨本领是光栅的两个性能指标.

设光波的两波长分别为 λ 和 $\lambda + \mathrm{d}\lambda$, 它们的第 k 级光谱线分开的角距离为 $\mathrm{d}\theta$, 则角色散率的定义为

$$D = \frac{\mathrm{d}\theta}{\mathrm{d}\lambda},$$

即角色散率等于单位波长差的两条谱线分开的角距离, 它反映光栅使不同波长的谱线分开的能力. 根据 k 级光谱满足的光栅方程

$$d \sin \theta = k\lambda,$$

将上式两边取微分得

$$d \cos \theta \, \mathrm{d}\theta = k \mathrm{d}\lambda.$$

因此光栅的角色散率为

$$D = \frac{\mathrm{d}\theta}{\mathrm{d}\lambda} = \frac{k}{d \cos \theta}. \tag{4.37}$$

可见, 光栅的角色散率与级次成正比, k 越大, 角色散率越大, 而 $k = 0$, 角色散率 $D = 0$, 不同波长的零级谱重合在一起; 另外光栅常数 d 越小, 角色散率 D 越大. 大型光栅摄谱仪的光栅每毫米刻有上千条, d 约为 10^{-3} mm.

光栅的另一个性能指标是色分辨本领, 它说明光栅对靠得很近的两条谱线能否分辨的能力. 什么叫能够分辨, 什么叫不能分辨, 什么叫恰能分辨, 判据仍然是瑞利判据, 即如果两条谱线中一条谱线的主极大恰好落在另一条谱线的极小位置, 则两条谱线的强度叠加使中间的强度为最大光强的 80%, 对于大多数人来说恰能分辨, 如图 4-29 所示. 设波长为 $\lambda + \Delta\lambda$ 的谱线在 θ 角处为主极大,

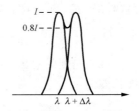

图 4-29 光栅光谱恰能分辨

则有
$$d\sin\theta = k(\lambda + \Delta\lambda),$$
在此 θ 角处也正是波长为 λ 的谱线紧邻的第一个极小位置,因而有
$$Nd\sin\theta = (kN+1)\lambda,$$
由此两式可解出
$$k\Delta\lambda = \frac{\lambda}{N}.$$
色分辨本领定义为 $R=\lambda/\Delta\lambda$,$\Delta\lambda$ 为恰能分辨的波长差,它表明恰能分辨的波长差越小,光栅的色分辨本领越高. 于是
$$R = \frac{\lambda}{\Delta\lambda} = kN. \tag{4.38}$$
这表明光栅的刻痕数越多,观察的光谱级次越高,则色分辨本领越高. 这就是通常光栅刻痕数很多的原因. 大型光栅摄谱仪的光栅刻痕数 N 多达数十万条. N 越大,两相邻的主极大之间夹入的极小和次极大的数目越多,因而主极大被挤压得越细锐;另外 k 越大,角色散率越大,谱线分得越开,两者都使色分辨本领越高.

例 2　一光栅每厘米刻线 5000 条,共 3 cm. (1) 求该光栅的 2 级光谱在 5000Å 附近的角色散率. (2) 在 2 级光谱的 5000Å 附近能分辨的最小波长差为多少?

解　(1) 光栅常数 $d = \frac{1}{5000} \text{cm} = 2 \times 10^{-4} \text{ cm} = 2 \times 10^4 \text{ Å}$,5000Å 的 2 级光谱的衍射角位置满足
$$\sin\theta = 2 \times \frac{\lambda}{d} = 0.5,$$
因此
$$\theta = 30°.$$
由 (4.37) 式,角色散率为
$$D = \frac{k}{d\cos\theta} = \frac{2}{2 \times 10^4 \cos 30°} \text{rad/Å} = 1.15 \times 10^{-4} \text{ rad/Å}.$$
(2) 光栅的总刻线数为 $N = 5000 \times 3 = 1.5 \times 10^4$,能分辨的最小波长差为
$$\Delta\lambda_{\min} = \frac{\lambda}{kN} = \frac{5000}{2 \times 1.5 \times 10^4} \text{Å} = 0.17 \text{Å}.$$

- **闪耀光栅**

　　实际使用的光栅不是前面所述的透射光栅．透射光栅存在两方面的不足：(1)任何透明材料都有一定的吸收，透明的玻璃对紫外光谱有强烈的吸收，因此透射光栅不宜于用来研究富含紫外光谱的物质；(2)正如前面所述，透射光栅的零级谱没有色散，却占用了入射光能量的相当部分，剩下的光能分散到正负各级光谱中．实际上我们用来研究物质结构所需观察的只是某一级光谱，结果使我们所要观察的那级光谱只分配到很少的能量，这对于实际的光谱分析工作是很不利的，无法分析微弱的光谱．如果设法使入射光能量能集中分配到所需观察的那一级光谱，而其他各级包括零级分配到较小的能量，甚至不分配到能量，这就可以使所利用的那级光谱的强度大大增加，闪耀光栅就是为此目的而作的改进．

　　先分析光反射时的衍射．当反射面相当大时，光束没有受到限制，不发生衍射，光按几何光学的定律即反射定律传播；当反射面很狭窄时，光束受到限制，发生衍射现象，当满足远场条件时，衍射为夫琅禾费衍射，原来按几何光学定律传播的方向是衍射零级的方位，单缝衍射的强度分布为对称地分布在零级的两侧．

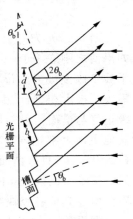

图 4-30　闪耀光栅

　　造成透射光栅存在问题的一个原因是单缝衍射能量分配最多的零级与角色散率为零的缝间干涉零级是重合的，致使这部分能量不能利用，因此如何把单缝衍射的零级与缝间干涉的零级错开是要解决的一个问题．闪耀光栅是反射光栅，其断面结构如图 4-30 所示，它是在一玻璃基底上镀一层反射性能很好的金属膜，然后用一定形状的金刚石刀在金属膜上压刻出细密的平行槽沟．槽面与光栅平面的夹角 θ_b 叫做闪耀角．槽面宽度为 a，光栅常数为 d，$d \approx a$．入射光垂直光栅平面入射，每个槽面限制光束，槽面的衍射相当于单缝衍射，衍射的零级在反射定律指示的方向，即 $\theta = 2\theta_b$ 方向上,其强度分布示于图 4-31 中.槽面之间干涉的零级在哪里?槽面之间干涉的零级在 $\theta=0$ 光栅平面的反射方向上,因为在这个方向上各槽面的光程相等.于是槽面衍射的零级与槽面间干涉的零级分离开来.

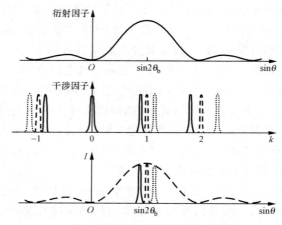

图 4-31 闪耀光栅的强度分布

沿 $\theta=2\theta_b$ 方向上各槽面之间的光程差为 $\Delta=d\sin\theta=d\sin2\theta_b$. 如果使之刚好等于一个波长 λ,即 $\Delta=d\sin2\theta_b=\lambda$,这是各槽面间的干涉 1 级主极大的位置.这表明槽面间干涉 1 级主极大与槽面衍射零级主极大相重合.由于闪耀光栅的 $d\approx a$,这表明槽面间干涉的零级正好与槽面衍射的极小值相重合;而且正是 $d\approx a$,槽面间干涉的其他主极大都正好与槽面衍射的极小值位置相重合,也就是说其他各级都缺级,只有槽面间干涉的 1 级获得全部入射光的能量.当然这只能使唯一的波长 λ 刚好满足其他各级都缺级,其他波长的光虽然不会引起其他各级缺级,但在 1 级仍是分得大部能量.

如果使 $\Delta=d\sin2\theta_b=2\lambda$,则可使入射光能量大部分集中于 2 级.

目前分光仪器中已普遍采用反射式闪耀光栅,它可以解决本段开头指出的透射光栅所存在的两方面的不足.

- **正弦光栅(余弦光栅)**

前面讨论的光栅称为黑白光栅,其透光结构为狭缝部分 a 处完全透光,挡光部分 b 处完全不透光。在点光源平行光垂直入射情形下,其夫琅禾费衍射形成的图样是一系列亮点。当透光和不透光宽度相等时,由于存在缺级,这些衍射亮点是 $0,\pm 1,\pm 3,\pm 5,\cdots$ 级。下面我们研究一种特殊的光栅,其振幅透过率服从正弦函数(或余弦函数)。看看它们在点光源平行光垂直照射下形成的夫琅禾费衍射图样有什么特点,这对于我们认识现代光学问题大有裨益。

正弦光栅的透过率函数可表示为
$$t(x,y) = t_0 + t_1\cos(2\pi fx + \varphi_0). \quad (4.39)$$
这是一个具有特殊走向的正弦光栅,沿 x 方向呈现周期性,空间周期为 d,$d=\dfrac{1}{f}$,f 称为空间频率,单位为 mm^{-1}。利用两束彼此相交一很小角度的同频相干平行光,在其垂直平面内相干形成平行的干涉条纹,在该平面内放置感光板,再经显影、定影之后,即可制成正弦光栅。

用平行光正入射,其入射波前为 $\widetilde{U}_1(x,y)=A_1$,经正弦光栅后的透射光波为
$$\widetilde{U}_2(x,y) = t(x,y)\widetilde{U}_1(x,y) = A_1[t_0 + t_1\cos(2\pi fx + \varphi_0)].$$
$$(4.40)$$
利用欧拉公式将 $\widetilde{U}_2(x,y)$ 分解为
$$\widetilde{U}_2(x,y) = A_1 t_0 + \frac{1}{2}A_1 t_1 e^{i(2\pi fx+\varphi_0)} + \frac{1}{2}A_1 t_1 e^{-i(2\pi fx+\varphi_0)}$$
$$= \widetilde{U}_0 + \widetilde{U}_{+1} + \widetilde{U}_{-1}, \quad (4.41)$$
其中
$$\widetilde{U}_0(x,y) = A_1 t_0, \quad (4.42)$$
$$\widetilde{U}_{+1}(x,y) = \frac{1}{2}A_1 t_1 e^{i(2\pi fx+\varphi_0)}, \quad (4.43)$$
$$\widetilde{U}_{-1}(x,y) = \frac{1}{2}A_1 t_1 e^{-i(2\pi fx+\varphi_0)}. \quad (4.44)$$
从它们的相因子可判定它们各自都代表平面波,波前 $\widetilde{U}_0(x,y)$ 代表一列正出射的平面波,波前 $\widetilde{U}_{+1}(x,y)$ 代表一列斜向上出射的平面

波,波前 $\tilde{U}_{-1}(x,y)$ 代表一列斜向下出射的平面衍射波. 这三列出射的平面波在后场交叠形成较复杂的波场,经透镜分离在透镜的后焦面上形成三个亮斑. 波前 $\tilde{U}_0$ 会聚于波场中心 O 点,称为零级波;波前 $\tilde{U}_{+1}$ 会聚于上方,倾角 θ_{+1} 满足 $\sin\theta_{+1} = f\lambda$,称为 +1 级波;波前 $\tilde{U}_{-1}$ 会聚于下方,倾角 θ_{-1} 满足 $\sin\theta_{-1} = -f\lambda$,称为 -1 级波,如图 4-32 所示.

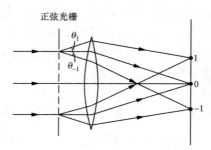

图 4-32 正弦光栅的三个衍射斑

考虑到实际光栅的宽度 P 有限,这透射的三列平面波的波前是受限的,故它们均有一定的发散角,反映在透镜后焦面上那三个衍射斑均有一定的半角宽度,分别为

$$\Delta\theta_0 \approx \frac{\lambda}{D}, \quad \Delta\theta_{+1} \approx \frac{\lambda}{D\cos\theta_{+1}}, \quad \Delta\theta_{-1} \approx \frac{\lambda}{D\cos\theta_{-1}}. \quad (4.45)$$

4.7 X 射线衍射

伦琴(W. K. Röntgen)于 1895 年发现高速电子流轰击固体靶时骤然停止,从能量守恒的观点来看,电子的动能转化为辐射能,产生了一种穿透能力很强的射线,它可透过许多对可见光不透明的物质,对感光乳胶起感光作用. 开始不知道这种射线究竟是什么,取名为 X 射线. 以后的研究弄清楚它和光一样都是电磁波. X 射线的波长很短,大约为可见光的千分之一量级. 既然 X 射线是波,它也能产生衍射,但是由于它的波长极短,普通的可见光能产生衍射的光栅的光栅常数相对说来太大了,对 X 射线简直不起作用.

对于 X 射线来说,理想的光栅是晶体点阵,它是由一些原子或离子有规则排列而成的晶格,粒子的间距为 0.1 nm 量级,与 X 射线波长有相同的量级,因而是很合适的,只是晶体点阵结构与普通光学光栅不同,是三维光栅,衍射要复杂得多.

如图 4-33 所示,先考虑一层晶面.入射的 X 射线使每个粒子成为发射次波的振动中心,向各个方向发射次波,这些次波相干叠加沿反射定律的方向得到加强,因为同层晶面上只有满足反射定律的光线才是等光程的.下面考虑各层晶面之间的相干叠加.上下两层晶面的反射线的光程差为

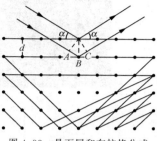

图 4-33 晶面层和布拉格公式

$$\overline{AB} + \overline{BC} = 2d\sin\alpha,$$

式中 d 为晶面间距,α 为掠射角.当

$$2d\sin\alpha = k\lambda, \quad k = 1,2,3,\cdots, \tag{4.46}$$

即各层晶面的反射线之间的光程差为波长的整数倍,相位差为 2π 的整数倍,这些反射线将相互加强,沿 α 角方向获得强度的极大值. (4.46)式称为布拉格(W. L. Bragg)公式.

布拉格公式是 X 射线衍射极大值满足的方程,与光栅方程相当,但有所不同:(1) 对于普通可见光的一维光栅,只有一个光栅方程.而对于 X 射线来说,晶体光栅是三维光栅.拿立方单晶来说,其中就有许多不同取向的原子层(晶面),它们的晶面间距不同,因此 X 射线衍射有一系列的布拉格公式. (2) 对于普通可见光,任意波长的单色光射到一维光栅上,总可以在某一方向上得到光栅衍射的极大值,它满足光栅方程.对于 X 射线,入射方向和晶体的位置确定后,则 α 和各个 d 也就确定了,任意一个 X 射线波长就不一定恰能满足布拉格公式,因此也就可能没有 X 射线的衍射极大值.

因此,观察 X 射线衍射的两种方法是:(1) 劳厄(M. von Laue)法,如图 4-34(a),用连续谱的 X 射线照射单晶.这相当于给定晶体的取向和入射 X 射线方向,有一系列的 d 和 α,而波长是任意的,因此对于每一个晶面族,总可以有满足布拉格公式的主极大.用照相底板记录下的是一些亮斑,组成的衍射图称为劳厄图.劳厄图上的点与

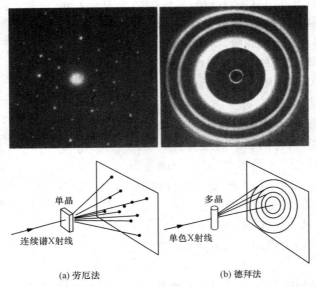

图 4-34　劳厄法与德拜法

晶面对应,仔细研究劳厄图上各衍射点的分布可推断晶格中粒子的分布.(2)德拜(P. J. W. Debye)法,如图 4-34(b),用单一波长的 X 射线照射多晶或旋转的单晶.多晶样品中包含大量具有各种可能取向的小单晶,这相当于给定波长和一系列的 d,而 α 是任意的.这样也总可以得到满足布拉格公式的主极大.用照相底板记录下来的是一些环纹衍射图,称为德拜图.

X 射线衍射的应用,一方面是用于研究晶体的结构,当入射的 X 射线波长已知时,可以测定晶格常数、晶轴方向等晶体点阵的结构参数;另一方面是研究 X 射线的谱结构,利用晶格常数已知的晶体测定 X 射线的波长.最初用在比较简单的无机晶体上,后来非常成功地用于生物分子结构的研究,如蛋白质和核酸.20 世纪 50 年代研究血红素,发现它是由一万个原子组成有螺旋形状的四条链,还得出它得到氧和失去氧时形状是如何变化的;另一项重大成果是 1953 年克里克和沃森利用 X 射线衍射发现脱氧核糖核酸(DNA)的双螺旋结构.

4.8 全息术原理

- 从普通照相谈起
- 物光波的记录
- 物光波的重现
- 全息照相的特点和应用方面

● **从普通照相谈起**

全息照相技术于 1948 年由伽柏(D. Gabor)提出并实现,但其真正的发展和广泛应用则是在 20 世纪 60 年代激光器发明之后. 它所用到的原理就是波的干涉和衍射的原理. 光波的干涉和衍射早在 19 世纪已为人所共知,一直是经典物理的教学基本内容. 虽然干涉和衍射的论题有些古老,但是其基本原理却仍富有生命力. 全息术的发明说明对于一些基本原理认识得深透之后,可以开发出一些新的视角,从而产生出别开生面的新技术.

我们先从普通照相谈起,普通照相以几何光学原理为基础,利用透镜(或针孔)使物体成像于底片上,通过底片乳胶中的卤化银的感光作用,记录物上各点的光强,然后再通过显影、定影以及翻拍、显影、定影,得到物体逼真的像. 普通照相最后获得的相片的像与物是点点对应的,但是它把原来立体的物变成平面的像. 通过相片,我们无法精确判断物上各点的纵深位置(虽然可以通过周围物体的位置,凭借经验大致判断物的纵深相对位置),也就是说普通照相缺乏立体感. 这是由于普通照相的相片并没有把物光波的全部信息记录下来造成的. 相片中的卤化银只对光强敏感,即只对光波的振幅作出反应,而对光波的相位不起作用,因此普通照相损失了物光波的相位信息,其主要表现就是缺乏立体感,另外也表现在相片上被遮挡的物体失去了像,离聚焦平面太远的物也不能成像.

我们观察实际的物有立体感是因为我们的眼接收到物发出的光波. 变换观察位置,可以接收到物光波的不同部分,从而看到物的不同侧面;在一个观察位置看来被遮挡的物,在另一观察位置可接收到物发出的光波,因而也就未被遮挡;前后物体发出的光波都可以接收到. 因此如果我们可以把物体发出的光波记录下来,并能使物体发出的光波重现出来,当我们接收到重现的物体光波,即使物体不在那里,也能看到物体的完整的立体图像.这就好像我们通过一面反射镜观看一物体,我们眼睛接收到的是反射光波,虽然在反射镜后面并没有物体,只要我们接收到反射的光波,我们就能犹同真实地看到该立体的物体.

全息照相术分成两步,第一步是物光波记录,第二步是物光波的重现.记录物体发出的光波就是既要记录物光波的振幅,又要记录物光波的相位.而全息照相的记录介质主要的仍然是普通的感光片,它只对光强即光振幅敏感,对光的相位没有反应.因此需要采取措施把物光波的相位分布转换为强度分布加以记录.物光波的记录用到的是干涉原理.物光波的重现用到的则是衍射原理.

- **物光波的记录**

物光波记录的光路结构如图 4-35 所示.激光通过半反射镜分成强度大致相等的两束,分别通过扩束镜扩束.一束直接照射到记录介质,称为参考光束;另一束照射到物,从物散射出物光束照射到记录介质.参考光束和物光束来自同一激光光源,而且由于激光的相干性很好,相干长度很大,因而它们是相干的,它们在记录介质处形成了细密而复杂的亮暗分布的干涉条纹,并对记录介质感光,通过显影、定影,形成细密而复杂的黑度周期性变化的干涉条纹.可以证明,这些条纹的衬比度含有物光振幅的信息,而条纹的走向、疏密和形状则含有物光波相位的信息.下面作简单说明:

(1) 根据干涉原理,干涉亮纹处的强度 $I_{max}=(A_1+A_2)^2$,式中 A_1 和 A_2 是两相干光束的振幅,干涉暗纹处的强度 $I_{min}=|A_1-A_2|^2$. 由(3.14)式,干涉条纹的衬比度

$$\gamma=\frac{I_{max}-I_{min}}{I_{max}+I_{min}}=\frac{2A_1A_2}{A_1^2+A_2^2},$$

可见衬比度表示式中含有两相干光束的振幅 A_1 和 A_2,因此说干涉条纹的衬比度含有物光振幅的信息.

(2) 物的形状和位置显然与物光波的相位信息密切相关,而干涉条纹的走向、疏密和形状由物的形状和位置所决定,因此,干涉条

4.8 全息术原理

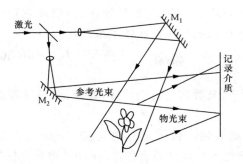

图 4-35 物光波的记录

纹的走向、疏密和形状中含有物光波的相位信息. 例如设想物是图 4-35 纸面内的一个亮点,则物光束和参考光束在记录介质处产生的干涉条纹近似地是垂直纸面的平行直线,而且物光束与参考光束交角越大,干涉条纹越细密. 如果物点不在纸面内,而是在纸面外,物光束和参考光束在记录介质处产生的干涉条纹近似地是平行纸面的平行直线,而且物点在纸面外越远,干涉条纹越细密. 可见干涉条纹的走向、疏密和形状含有物光波相位信息.

下面我们用稍为抽象些但更为严格的论证,对物光波的记录和重现过程加以说明.

设参考光束投射到记录介质上形成的复振幅表示为 $\widetilde{R}(x,y)$, 经物体上各点散射出来的物光束投射到记录介质上形成的复振幅表示为 $\widetilde{O}(x,y)$, 于是记录介质平面处形成 $\widetilde{O}$ 光和 $\widetilde{R}$ 光的干涉场为 $\widetilde{O}(x,y)+\widetilde{R}(x,y)$, 记录介质处的光强则为

$$\begin{aligned} I(x,y) &= (\widetilde{O}^* + \widetilde{R}^*)(\widetilde{O} + \widetilde{R}) \\ &= |\widetilde{O}(x,y)|^2 + |\widetilde{R}(x,y)|^2 \\ &\quad + \widetilde{R}^*(x,y)\widetilde{O}(x,y) + \widetilde{R}(x,y)\widetilde{O}^*(x,y) \\ &= I_0 + I_R + \widetilde{R}^*(x,y)\widetilde{O}(x,y) + \widetilde{R}(x,y)\widetilde{O}^*(x,y). \end{aligned}$$

(4.47)

此光强分布是以双光束干涉条纹的形式体现出来,一般说来,此双光束干涉条纹是极其复杂的. 然而光强公式中含有 $\widetilde{O}(x,y)$ 因子,说明其中含有物光的信息.

把这光强分布记录或存储下来,通常用上述光强分布对感光胶

片曝光,再经过胶片的显影、定影等操作,使记录介质的透过率函数 $\bar{t}_H$ 与干涉强度 $I(x,y)$ 之间有线性关系,即

$$\bar{t}_H(x,y) = t_0 + \beta I(x,y) = t_0 + \beta(I_0 + I_R) + \beta \widetilde{R}^* \widetilde{O} + \beta \widetilde{R} \widetilde{O}^*,$$
(4.48)

这里 t_0, β 是常数,其数值由乳胶特性,显影、定影过程以及曝光等诸多因素决定.

于是我们就得到一张记录有物光波——既包含物光的强度信息、又包含有物光相位信息的全息片.在这张物光全息片上没有物的形象.直接观看全息片,上面似乎什么也没有;在显微镜下观察,看到的是一些复杂细密的正弦型干涉条纹,正是它们深藏着物的全部信息.

● **物光波的重现**

物光波的重现是一个衍射过程.用一束与参考光束相似的激光光束,称为照明光束,照射全息底片,全息底片上细密而复杂的干涉条纹就好像是一块复杂的正弦光栅.照明光束照射在此复杂光栅上会发生衍射,除了中间直射的零级光之外,在两边还分别有 ±1 级衍射光.

设照明光束的复振幅为 $\widetilde{R}' = A_R' e^{i\varphi_R}$,照射全息片,这张全息片相当于一复杂正弦光栅的衍射屏,透过此衍射屏形成一复杂的衍射场,其光束波前函数为

$$\widetilde{U}'(x,y) = \bar{t}_H \cdot \widetilde{R}' = (t_0 + \beta A_R^2 + \beta A_0^2)\widetilde{R}'$$
$$+ \beta \widetilde{R}' \widetilde{R}^* \widetilde{O} + \beta \widetilde{R}' \widetilde{R} \widetilde{O}^*. \quad (4.49)$$

此波前函数分为三项,它们对应于入射光波经正弦光栅产生的零级直射波和 ±1 级衍射波.这与 4.6 节讲到的正弦光栅的衍射类似,只是这里是极其复杂的正弦光栅.第一项与照明光束 $\widetilde{R}'$ 成正比,是正弦光栅的零级,其中不含物的信息,第二项对应于 +1 级衍射波,其中含有物光波的信息 $\widetilde{O}$,第三项对应于 -1 级衍射波,其中含有物光共轭波的信息 $\widetilde{O}^*$.

于是当我们人眼正对零级直射波,是看不到物的,因为其中没有物光波.当人眼在零级直射波的一侧接收到 +1 级衍射波,其中含有

物光波,就可以在物原来位置处看到立体的物,如图4-36所示.而在零级直射波的另一侧,可得到原物光波的共轭实像.

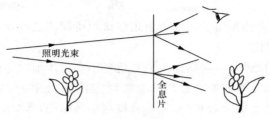

图 4-36 物光波的重现

- **全息照相的特点和应用方面**

从以上所述,可以看到全息照相有下述特点:(1)与普通照相不同,它不是记录物体的像,无须用到成像透镜,它是利用参考光束和物光束相干涉,记录物光波.物光波的振幅和相位包含在参考光束和物光相干涉所形成的干涉条纹之中.从记录的全息片中看不到物体的像,看到的是复杂细密的干涉条纹.(2)要看到物体的形象,需要用照明光束来照射,照明光束通过全息片复杂干涉条纹所构成的复杂光栅衍射产生物光波,接收到这一物光波就看到了立体感很强的原来的物.(3)普通照相中由于使用了成像透镜,物与照片上的像是点点对应的;而全息照相中利用参考光束和物光束相干涉记录物光波,因此物与全息片是点面对应的.即全息片上每一点都记录了物上各处的物光波,物上每一点的物光波也都记录在全息片的各处,因而全息片上每一局部都记录了物的全部的信息,也就是说,即使全息片打碎了,每一碎片用照明光束照射,都可看到整个物的形象.(4)用全息照相所得到的全息片复制所得到的也是一张相同的全息片,用它可以看到相同的景物,因为它上面记录了相同的物光波.(5)全息片可以多次曝光记录物的信息,原来的图像不会消失.

全息照相有着广泛的应用前景.它可以用来改善人们的视觉效果,储存大量信息,研究物体的微小变形,微小振动或高速运动现象,它还可以与红外技术、微波技术以及超声技术结合,制成红外、微波及超声全息照相术,用于军事侦察、监视目标,等等.

4.9 相衬显微镜

相衬显微镜是对于光波衍射现象认识得深透之后开发出来的另一种新型应用.

普通显微镜是一种帮助人们看清楚细小物体细微结构的助视光学仪器,在生物学研究中使用非常广泛.通常将生物样品制成切片.切片很薄,对光的吸收很弱,无法直接观察其结构,需要对切片染色,利用切片中不同组织对染色剂吸收不同,从而显示出组织的结构.然而染色处理以杀死细胞破坏组织为代价.因而普通显微镜不能用来观察活体的生命过程.

切片中不同组织结构上的不同,反映在光学性质上是折射率的差异.光通过切片,不同组织结构引起相位有一定的分布,此种物体称为相物体.人眼的感觉细胞只对光强有反应,人眼是光强检测器,不是相位检测器,对相位没有反应.如果采用某种措施能使相位分布转换为光强分布,则无须染色就可以看清细微结构,从而还可以观看生物体的活体过程,这对生物学的研究显然是十分有意义的.

相衬显微镜的基本原理如下.物通过光学仪器的成像过程可以看成是像由直射光和物体的衍射光两者相干叠加而成的.直射光满足几何光学原理,而衍射光反映了物的个性和特征.设入射光的振动为 $E_i = E_0 \cos \omega t$,其振幅是均匀的,E_0 为常数.略去光在显微镜中传播引起的相位滞后,通过相物体的光可表示为

$$E = E_0 \cos[\omega t - \varphi(x,y)], \tag{4.50}$$

式中 $\varphi(x,y)$ 是相物体引起的相位滞后.由于切片切得薄,相位滞后很小,$\cos \varphi \approx 1$,$\sin \varphi \approx \varphi$,因此将上式展开得

$$\begin{aligned} E &= E_0[\cos \omega t \cos \varphi(x,y) + \sin \omega t \sin \varphi(x,y)] \\ &\approx E_0 \cos \omega t + E_0 \varphi \sin \omega t \\ &= E_0 \cos \omega t + E_0 \varphi \cos\left(\omega t - \frac{\pi}{2}\right), \end{aligned} \tag{4.51}$$

此式中第一项即为直射光,第二项即为相物体的衍射光.可以看出直射光和衍射光有 $\pi/2$ 的相位差.它们相干叠加如图 4-37 的矢量合成

所示,合成振幅仍为均匀的 E_0,不能显示物的结构.

1935年泽尼克(F. Zernike)提出相衬法,后按其设计制造了相衬显微镜.其改进措施是在显微镜载物台下的聚光镜

图 4-37 直射光和衍射光的相干叠加矢量图

后焦面加一环形光阑,在光源像平面加一环形相板,其作用是在直射光束中引入 $\pm\pi/2$ 的相位差.相板的截面形状有两种.一种是凹形,在透明玻璃上镂蚀一环形凹槽,它使直射光束附加 $+\pi/2$ 的相位差;另一种是凸形,相板上不是环形凹槽,而是一环形凸起.它使直射光束附加 $-\pi/2$ 的相位差.前一种叫正相板,后一种叫负相板.图 4-38

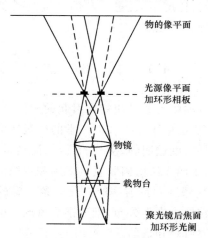

图 4-38 相衬显微镜

画出的是加负相板情形.结果(4.51)式化为以下两种情况:

加正相板时,相当于直射光束相对说来少走了一段光程,结果

$$E = E_0 \cos\left(\omega t + \frac{\pi}{2}\right) + E_0 \varphi \cos\left(\omega t - \frac{\pi}{2}\right)$$
$$= E_0(1-\varphi)\cos\left(\omega t + \frac{\pi}{2}\right), \quad (4.52)$$

所以
$$I = I_0(1-\varphi)^2 \approx I_0(1-2\varphi). \quad (4.53)$$

可以看出物的折射率越大,造成的相位改变 φ 越大,从而光强越小、越暗,呈现出亮背景下暗物.

加负相板时，相当于直射光束多走一段光程，结果

$$E = E_0 \cos\left(\omega t - \frac{\pi}{2}\right) + E_0 \varphi \cos\left(\omega t - \frac{\pi}{2}\right)$$
$$= E_0(1+\varphi)\cos\left(\omega t - \frac{\pi}{2}\right), \tag{4.54}$$

所以
$$I = I_0(1+\varphi)^2 \approx I_0(1+2\varphi). \tag{4.55}$$

可以看出物的折射率越大，造成的相位改变 φ 越大，从而光强越大、越亮，呈现出亮物．可见泽尼克相衬法的巧妙之处是加相板，使得通过相物体的光的相位分布转换为光强分布，从而不用染色即可观察物的细致结构．由于切片很薄，相位滞后 φ 很小，因此像的强度分布变化不大，即像的衬比度不大．进一步的改进是减弱直射光，即在相板处吸收掉一部分直射光．

4.10 纹 影 法

纹影法也是一种将光通过相物体引起的相位分布转换为光强分布的方法．这种方法已应用于空气动力学的风洞实验研究中．由于在可见光波段大气是高度透明的，空气的扰动、流动以及湍流引起空气密度的变化很小，因而无法由肉眼直接识别和观测．然而各种气体的流动相对应的空气密度和折射率的变化导致一定的相位分布，如果将这一相位分布转换为光强分布，则可推测风洞内的流场分布，这正是空气动力学研究所想知道的．

纹影法的实验装置如图 4-39 所示，点光源发出的光通过透镜 L_1 平行照射到风洞实验的飞行体周围；风洞通过 L_2 成像于幕上．F 平面是 L_2 的后焦面．可以看出这一装置其实就是夫琅禾费衍射系统，风洞作为相物体替代了夫琅禾费衍射的单缝、圆孔或光栅等衍射器件．设入射到风洞相物体的入射光为 $E_i = E_0 \cos \omega t$，通过相物体引起相位滞后，光可表示为

$$E = E_0 \cos(\omega t - \varphi)$$
$$= E_0 \cos \omega t + E_0 \varphi \cos\left(\omega t - \frac{\pi}{2}\right), \tag{4.56}$$

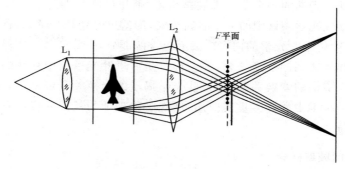

图 4-39 纹影法实验装置

式中已经考虑了引起的相位滞后很小. 与相衬法类似,其中第一项代表直射光,它相当于夫琅禾费衍射的零级;第二项是其他正负各级夫琅禾费衍射光的总和,它含有 φ,它包含了相物体相位分布的信息. 这两项的相干叠加构成了幕上风洞和飞行体的像. 由于这两项的相位差为 $\pi/2$,矢量合成的结果,在幕上飞行体像的周围得到的均匀的光强分布,不显示相物体的结构.

纹影法在透镜 L_2 的后焦面 F 平面内插入一不透明的刀口,自下而上逐渐升起,直到刚好把零级光挡住,这样就把零级光和下方各级衍射光全部挡住,只有上方各级衍射光才能到达幕上参与成像. 这就意味着在(4.56)式中去掉第一项,于是幕上的光强分布就由风洞中气流所产生的相移分布 φ 决定,它显示出飞行体周围的折射率分布,由此可以推断飞行体周围的流速场.

4.11 傅里叶光学大意

- 空间频率概念
- 数学上的傅里叶变换
- 夫琅禾费衍射装置是傅里叶频谱分析器
- 阿贝成像原理和空间滤波实验
- 马雷夏尔的改善像质工作
- 特征识别
- 假彩色编码
- 傅里叶变换光谱仪

现代光学的一个重大进展是引入"傅里叶变换"概念,由此逐渐发展形成光学领域中的一个崭新分支,即傅里叶变换光学,简称傅里叶光学.傅里叶光学的内容广义上包含两部分,一部分是在成像系统中物和像之间的变换关系,另一部分是傅里叶光谱仪中存在的干涉图和光谱图的变换关系.傅里叶光学揭示的变换关系带来了它在现代科学技术中的许多重要应用,展现了物理学的基础内容具有无限的生命力.

- **空间频率概念**

观察一幅单色照片,照片上的图像显示出光的振幅沿照片的二维平面有一定的强弱分布.设照片的二维平面为(x,y)平面,照片上图像的光振幅分布记为$U(x,y)$.最简单的分布是沿x方向和y方向光振幅分布都是均匀的,则看起来照片是均匀一片,显然它什么也没有告诉我们,我们说它什么信息也没有.另一种简单的分布如图4-40所示,沿y方向光振幅分布是均匀的,沿x方向光振幅按简谐函数分布,相对于黑白光栅,把它叫做正弦光栅.这种在一个方向上光振幅呈现一定的周期性重复,可以引入单位长度光振幅变化的次数加以描述.这个单位长度光振幅变化的次数与原来所熟悉的频率概念,即单位时间内完成的振动次数非常相近,前者是光振幅分布随空间变量x作周期性变化,而后者是振动随时间变量t作周期性变化,因此我们可以相应地把单位长度光振幅变化的次数称为空间频率.应该指出,这里的空间频率是指光振幅分布随空间变量x作周期性变化的频繁程度,它同光振动本身的时间频率完全是两回事.此外,时间是一维的,而空间可以是一维、二维、三维,例如一平面空间是二维的,用x,y表示.相应地,它可以有两个空间频率f_x和f_y.

一幅给定空间频率的光振幅分布照片显然告诉我们一些信息,它告诉我们光振幅分布沿哪个方向有变化,变化的频繁程度如何,以及变化的幅度如何.空间频率值较小,光振幅在单位长度内变化的次数较少,则光振幅的变化较为缓慢;而空间频率值较大,光振幅在单位长度内变化次数较多,则光振幅的变化较为频繁.

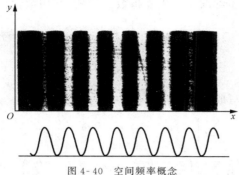

图 4-40 空间频率概念

通常任意一幅照片,例如一幅人像照片或一幅风景照片的光振幅分布 $U(x,y)$ 是极其复杂的,它究竟告诉我们些什么信息?

- **数学上的傅里叶变换**

一种研究图像所包含信息的有效的数学方法是傅里叶变换.

数学上有一条傅里叶定理,一个随自变量作周期变化(频率为 $1/d$,周期为 d)的函数可以展开成一系列离散的频率不同的简谐函数的叠加,

$$U(x) = a_0 + \sum_{n=1}^{\infty}[a_n \cos(2\pi f_n x) + b_n \sin(2\pi f_n x)]. \quad (4.57)$$

式中 n 是正整数,频率 $f_1 = \dfrac{1}{d}$ 称为基频,$f_n = nf_1$ 称为 n 次谐频,a_0, a_n 和 b_n 称为傅里叶系数,展开式称为函数的傅里叶级数.

一个典型的例子是频率为 f 的方波函数 $g(x)$ 可以展开成

$$g(x) = a_0 \Big[\sin(2\pi fx) + \frac{1}{3}\sin(2\pi \cdot 3fx) + \frac{1}{5}\sin(2\pi \cdot 5fx)$$
$$+ \frac{1}{7}\sin(2\pi \cdot 7fx) + \cdots \Big]. \quad (4.58)$$

图 4-41 显示了展开的叠加过程,从图中可以看出展开式中多增加一项,则更加逼近于原函数 $g(x)$. 从图中还可以看出傅里叶级数的低频成分,特别是基频成分决定了分布函数中变化缓慢的部分及其粗轮廓结构,高频成分决定了分布函数中急剧变化的部分和细节.

(4.57)式还可以改写成复指数的形式,利用数学公式

$$\cos\alpha = \frac{1}{2}(e^{i\alpha} + e^{-i\alpha}),$$

$$\sin\alpha = \frac{1}{2i}(e^{i\alpha} - e^{-i\alpha}),$$

(4.57)式可以写成

$$\begin{aligned}U(x) &= a_0 + \sum_{n=1}^{\infty}\left[\frac{a_n}{2}(e^{i2\pi f_n x} + e^{-i2\pi f_n x}) + \frac{b_n}{2i}(e^{i2\pi f_n x} - e^{-i2\pi f_n x})\right]\\ &= a_n + \sum_{n=1}^{\infty}\left[\left(\frac{a_n}{2} + \frac{b_n}{2i}\right)e^{i2\pi f_n x} + \left(\frac{a_n}{2} - \frac{b_n}{2i}\right)e^{-i2\pi f_n x}\right]\\ &= \sum_{n=-\infty}^{\infty} A_n e^{i2\pi f_n x}. \end{aligned} \qquad (4.59)$$

(4.59)式表示如果用复指数形式来展开,函数 $U(x)$ 的傅里叶频谱是离散的,从负无穷到正无穷.

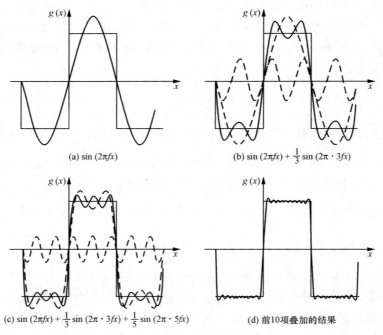

图 4-41 傅里叶展开的叠加过程

以上结果可以延拓到一般的非周期函数情形,所得的结果是,一个随自变量变化的任意函数可以展开成一系列频率连续分布的简谐函数的叠加.用复指数形式表示则为

$$g(x)=\int_{-\infty}^{\infty}G(f)\mathrm{e}^{\mathrm{i}2\pi fx}\mathrm{d}f, \quad (4.60)$$

其中

$$G(f)=\int_{-\infty}^{\infty}g(x)\mathrm{e}^{-\mathrm{i}2\pi fx}\mathrm{d}x, \quad (4.61)$$

$G(f)$ 称为 $g(x)$ 的傅里叶变换,或傅里叶频谱.(4.61)式称为从 $g(x)$ 到 $G(f)$ 的傅里叶变换式,(4.60)式称为从 $G(f)$ 到 $g(x)$ 的傅里叶逆变换式.作为数学运算,变换式和逆变换式在形式上非常相似,只是被积函数的指数项符号不同.

对于二维空间分布函数 $g(x,y)$,相应的傅里叶变换式和傅里叶逆变换式分别为

$$G(f_x,f_y)=\iint_{-\infty}^{\infty}g(x,y)\mathrm{e}^{-\mathrm{i}2\pi(f_x x+f_y y)}\mathrm{d}x\mathrm{d}y, \quad (4.62)$$

$$g(x,y)=\iint_{-\infty}^{\infty}G(f_x,f_y)\mathrm{e}^{\mathrm{i}2\pi(f_x x+f_y y)}\mathrm{d}f_x\mathrm{d}f_y. \quad (4.63)$$

式中 $g(x,y)$ 是空间区域(空域)内定义的一个任意函数,$G(f_x,f_y)$ 则是它的傅里叶频谱,它是频率区域(频域)内的相应函数.

我们把一幅照片上的光振幅分布 $U(x,y)$ 看成是 $g(x,y)$,则从以上分析,我们可以看出任意一幅照片中所包含的信息就是把照片的光振幅分布 $U(x,y)$ 作傅里叶变换,把它分解为一系列离散的或连续的频谱成分,每一个频谱成分揭示出光振幅分布变化的频繁程度和变化幅度.简言之,任意一幅照片中包含的信息就是它的傅里叶频谱.当然,照片包含的这种信息是隐含在光振幅分布之中的,并不显现出来.这样的分析看起来似乎复杂化了,但是后面将会看到这种分析具有深刻的意义.

以上分析中重要的几点,在此强调一下是适宜的:

(1) 从空域内的分布函数获得它的频域内的频谱分布是一个傅里叶变换过程,它是把空域内的分布函数按不同空间频率的分量展

开;从频域内的频谱获得空域内的分布函数,则是傅里叶逆变换过程,它是将不同空间频率的分量再叠加合成原来的分布函数的过程.

(2) 空域内的周期性分布函数的频谱是离散谱;空域内的非周期性分布函数的空间频谱是连续谱.

(3) 一个空域内的分布函数与它在频域内的频谱一一对应,改变空间频谱,则空域内相应的分布函数亦随之改变.

(4) 频谱中的低频成分决定了空域内分布函数中变化缓慢的部分和粗的轮廓结构;频谱中的高频成分决定了图像中急剧变化的部分和细节.

- **夫琅禾费衍射装置是傅里叶频谱分析器**

数学上的傅里叶变换和逆变换在物理上如何实现,这是一个有意义的问题. 如果我们在物理上实现了这一点,就可以在频域里考查光学系统对图像频谱作出的反应(频率响应),以及对图像所包含的信息进行处理,这正是现代光学发展的一个重要方面.

这个问题的解决从原理上来说并不复杂,理论上可以证明夫琅禾费衍射装置其实就是一个傅里叶频谱分析器. 图 4-42 是一个典型的夫琅禾费衍射装置,点光源 S 放在透镜 L_1 的焦点上,获得平行光垂直照射,放在 H_1 处的衍射物在透镜 L_2 的后焦面 H_2 处就得到衍射物的夫琅禾费衍射花样. 从傅里叶变换的观点来看, H_2 平面就是 H_1 平面的傅里叶频谱面, H_2 平面上的夫琅禾费衍射花样分布就是 H_1 平面上光振幅的傅里叶频谱成分的分布,从 H_1 平面到 H_2 平面就实现了傅里叶变换. 理论上的证明可参看有关书籍[①],下面我们用一个熟悉的例子来说明. 设 H_1 处的衍射物是一块透光部分和不透光部分宽度相等的黑白栅,其夫琅禾费衍射花样是我们熟悉的,由于此光栅的光栅常数等于 2 倍透光部分的宽度, $d=2a$,衍射光谱中的 $\pm 2, \pm 4, \pm 6, \cdots$ 都是缺级,只有零级, $\pm 1, \pm 3, \pm 5, \cdots$ 级光谱. 把它与前面方波函数的展开式(4.58)式和(4.59)式相比较,就可以

---

① 例如,可参看钟锡华,《现代光学基础》,北京大学出版社,2003,第六章,或 J.W. 顾德门著,詹达三等译,《傅里叶光学导论》,科学出版社,1976,§5-2.

看出它们是一致的.一块透光部分和不透光部分宽度相等的黑白光栅,经均匀的平行光照明,其光振幅就是随空间变量变化的方波函数,其傅里叶频谱就含有零级,±1级,±3级,±5级,⋯的频谱成分.一般地任意具有一定灰度分布的物片放在 H_1 处,透过的光振幅具有一定的空间分布,在透镜的后焦面上的夫琅禾费衍射花样就是其傅里叶空间频谱.因此透镜 L_2 的后焦面 H_2 就称为傅氏面,在傅氏面的中心焦点处是零级谱,焦点近旁是低频谱,外围是高频谱.灰度分布周期性的物片,其夫琅禾费衍射花样是离散的一系列亮点,其傅里叶频谱是离散谱;灰度分布非周期性的物片,其傅里叶频谱是连续谱,分布在傅氏面上.

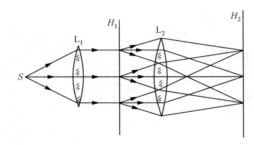

图 4-42 夫琅禾费衍射装置是傅里叶频谱分析器

需要指出,一般情形下从 H_1 到 H_2 的夫琅禾费衍射与傅里叶变换还有点小小的差异,主要是相位上有差异.如果 H_1 恰好是透镜 L_2 的前焦面,理论上可以证明,从 H_1 到 H_2 的变换是严格的傅里叶变换.

● **阿贝成像原理和空间滤波实验**

1873 年阿贝(E. Abbe)在研究如何提高显微镜的分辨本领问题时,提出了一个相干成像的新原理.现在看来,阿贝成像原理实质上已经蕴涵了傅里叶变换的思想,成为傅里叶变换光学的先声.

如图 4-43 所示,一束平行光照明傍轴小物 ABC,使整个系统成为相干成像系统,其像为 $A'B'C'$.传统的观点认为物 ABC 被照亮发出的光经透镜会聚成像于 $A'B'C'$.由于透镜的口径不大,限制了光束,点状物成的像是一个有一定大小的艾里斑,整个像是所有物点的艾里斑的叠加,致使像变得模糊,失去清晰的细节.阿贝成像原理认为成像过程分为两步,第一步平行光入射经过物平面发生夫琅禾费衍射,在透镜后焦面 $\mathscr{F}$ 上形成复杂的衍射花样;第二步是把 $\mathscr{F}$ 上形成的衍射花样的每一点看作相干的次波源,它们发出的次波相干叠加,在像平面上形成物体的像.如果物 ABC 具有光栅结构,则在透镜的后焦面上形成的衍射花样是一系列多缝衍射的极大值,即一系列离散的谱斑;由这些亮斑来的光在像平面相干叠加成光栅的像.按照阿贝成像原理,透镜分辨本领的限制来源于透镜的有限口径,阻挡了衍射谱的高频分量参与成像,因而失去原来物的明晰细节,致使像的清晰度下降.

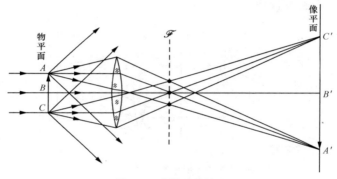

图 4-43　阿贝成像原理

　　从傅里叶变换的观点来看,阿贝成像原理的第一步就是一个傅里叶变换,将光场的空间分布变换为傅氏面内的空间频谱分布,透镜的后焦面 $\mathscr{F}$ 就是傅氏面;第二步就是将傅氏面内的空间频谱分布作逆变换,还原为雷同于物的像.而透镜的有限口径阻挡了空间频谱的高频成分,致使像的清晰度下降.透镜实际上是一个低通滤波器.

　　如果人为地在傅氏面(透镜的后焦面)上改变物的傅里叶频谱的成分,例如滤去某些频谱,就将改变像的结构.阿贝和后来的波特分别做了一系列的滤波实验实现了改变傅里叶频谱从而改变像的结构的思想,为光信息处理开辟了新的研究方向.图 4-44 显示一个类似的滤波实验.相干照明系统的物平面放置一张细丝网格,这是一个二维黑白光栅,网格上还有一点瑕疵.在成像透镜的后焦面(傅氏面)上出现其傅里叶频谱,网格的频谱是离散的周期性的二维点阵,瑕疵的频谱是连续的分布在点阵的周围,如图 4-44(a)所示;它们发出的次波相干叠加在像平面复现网格的像,如图 4-44(b)所示. 如果在傅氏面上滤去了其他所有的亮点,只留下中间水平的一排亮点,如图 4-44(c)所示,则在像平面上获得一维竖直光栅的像,如图 4-44(d)所示,其中的瑕疵仍清晰可见. 图 4-44(e)是傅氏面上滤去其他亮点,只留下 4 个亮点,其像如图 4-44(f)所示. 图 4-44(g)是滤去其他亮点,只留下 0 级及其周围的频谱,像中的网格消失,瑕疵仍在其中,如图 4-44(h)所示.

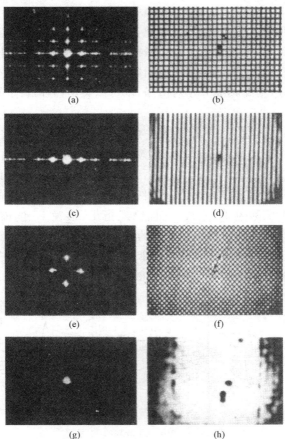

图 4-44 滤波实验中的频谱和成像效果

前面 4.9 节讲述的相衬显微镜原理，从变换光学角度来看，实质上就是采用空间滤波器改变零频的相位成分，使相位物成为强度物的成功范例。

如今，空间滤波和光信息处理在傅里叶变换的基础上有了很大的进展，使得现代光学大放异彩，成为现代物理学中的一枝奇葩。下面举几个有趣而又新颖的应用。

- **马雷夏尔的改善像质工作**

1953 年马雷夏尔（Maréchal）等人首次利用相干光空间滤波的方法改善照片质量获得成功，引起人们极大兴趣，强有力地推动光信息处理的研究。他们分析一张拍摄得并不太好的照片，其中的许多细节都十分模糊，这表明照片的空间频谱分布中高频成分较弱。如果减弱低频成分，则高频成分相对增强，就可以突出照片的细节而改善像的质量。

他们的工作在相干光学处理 $4f$ 系统上进行，如图 4-45 所示。单色平行光正入射照明，两个透镜 L_1，L_2 成共焦组合，L_1 的前焦面为物平面，图像在此输入，L_2 的后焦面为像平面，图像在此输出，共焦面 $\mathscr{F}$ 是傅氏面，从物平面到像平面经历 4 倍焦距（$4f$）的关系，因而此光学系统称为 $4f$ 系统。前面已经指出，透镜 L_1 的前焦面和后焦面之间具有准确的傅里叶变换的关系，同样透镜 L_2 的前焦面和后焦面之间也具有准确的傅里叶变换关系。这一系统提供了可在共焦面 $\mathscr{F}$ 插入各种性能的空间频率滤波器，对图像进行信息处理。

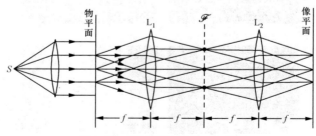

图 4-45　相干光学处理的 $4f$ 系统

他们把该模糊照片制成透明照片放在 $4f$ 系统的物平面位置，

在傅氏面 $\mathscr{F}$ 上共轴放置一圆形滤波板,其透过率沿半径方向递增,其作用是对空间频谱的低频成分有较大的吸收,使之受到抑制,相对说来,高频成分则得到增强,在透镜 L_2 的后焦面上所得到的像中景物的细节和棱角的衬比度提高了,原来较模糊的照片中的细节突显出来. 图 4-46 是未经处理(图(a))和处理过的(图(b))对比照片.

图 4-46 空间滤波改善像质的对比

● **特征识别**

所谓特征识别就是从大量信息中检测出存在某一特定信息并指示其位置,在指纹识别侦破、产品检验、统计检索以及识别特殊物等方面有重要应用. 例如指纹识别,所谓指纹照片无非就是一幅某种特定的二维图像 $U_1(x,y)$,把它制成一张透明片,放在 $4f$ 系统的输入面上,用平行光垂直照明,在 L_1 的后焦面 $\mathscr{F}$ 得到 $U_1(x,y)$ 的傅里叶频谱 $t_1(f_x,f_y)$,它也就是 L_1 后焦面处光的复振幅. 如果在 L_1 后焦面处放置一个按 $U_1(x,y)$ 制作的滤波器 $t_1^*(f_x,f_y)$[①],则通过滤波器的光波为

$$t_1(f_x,f_y) \cdot t_1^*(f_x,f_y) = A, \qquad (4.64)$$

它是一束平行光轴的平行光,这是因为物通过透镜 L_1 是一个复杂的光波波面,这一复杂的光波波面通过匹配滤波器之后被校正为平行光轴传播的平面波. 通过透镜 L_2 则会聚成一个亮点,而其他的指纹图像 $U_n(x,y)$ 与 $t_1^*(f_x,f_y)$ 相遇并不匹配,不产生平行光,在输出处

---

① 此滤波器称为匹配滤波器,其振幅透过率等于物的傅里叶频谱 $t_1(f_x,f_y)$ 的复共轭 $t_1^*(f_x,f_y)$. 制作匹配滤波器需要相当专门的技术.

则不是一个单纯的亮点.

这种指纹识别手续是把某次罪犯留下的指纹制成匹配滤波器,放在傅氏面 $\mathscr{F}$ 处,把可能的罪犯的指纹图放在输入窗连续移动,在 L_2 的后焦面(输出)处观察,若出现亮点,就从可能的罪犯中找出真正的罪犯.如果罪犯在现场留下的指纹不全也无关紧要,因为指纹中仍含有其傅里叶频谱信息,由此仍可制成相应的匹配滤波器,只是所得的相关亮点要暗一些.这一识别手续比起过去依靠指纹专家在高倍显微镜下,仔细对比作案现场的指纹和可能作案人的指纹的工作,要简便准确得多.

- **假彩色编码**

除了色盲者之外,彩色总是受人欢迎的.彩色不仅增加图像上的美感,还有科学技术上的意义.一张黑白图像具有灰度的某种分布,人眼对于灰度的识别能力不高,一般人大约能区分 $10\sim 20$ 个灰度级别,通常很难区分灰度差小于 5% 的两级;个别人眼睛比较灵敏,可分辨灰度差为 2% 的两级,因此对于黑白照片,因灰度上的差别太小而无法区别,造成漏检和误诊的情形时有发生.然而人眼对于颜色的差别却十分敏感,通常人眼可分辨上千种色调和强度(颜色的深浅程度),因此科学家们一直寻求一种将灰度的差别转换为色调差别的途径,以增强检索、诊断能力.傅里叶光学使这一技术获得成功,称为假彩色编码.下面介绍其中比较实用的一种.

取一图像正片与龙基(Ronchi)光栅叠合并与一照相底片叠合曝光,图像正片是黑白的,有一定的灰度分布,因而有一定的透过率分布 $T_1(x,y)$;龙基光栅是透光部分和不透光部分宽度相等的一维黑白光栅,其透过率为 $T_2(x,y)$,经光均匀照射后总的透过率为

$$T(x,y) = T_1(x,y)T_2(x,y).$$

透过的光对照相底片感光,透过率大的地方,透过光强大,在底片上感光多,曝光量大,经显影定影处理后析出的银粒多,因而比较黑,如图 4-47 所示.

然后将这块底片作漂白处理.底片上的银粒溶解在漂白液中,使底片透明,同时,原来银粒多的地方,明胶变厚,原来银粒少的部分,

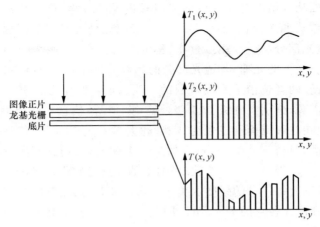

图 4-47　与龙基光栅叠合进行曝光

明胶变薄,结果底片上明胶的厚度与底片原来的灰度成正比.总之,经漂白处理后,我们得到的底片是一张透明的其上明胶厚度分布反映了图像灰度分布的底片,其上另伴有龙基光栅的结构.

下一步就是解调.将制成的底片放在显色滤波系统的输入处.滤波系统可采用双透镜的 $4f$ 系统,也可以采用简易的单透镜系统,如图 4-48 所示.用平行白光垂直照明.透镜一方面使输入成像于屏幕上;另一方面起分频作用,在透镜的后焦面上获得物的空间频谱.如果没有滤波器,在屏幕上得到的基本上是一片透明,没有图像,透明中有一些杂乱的彩色.

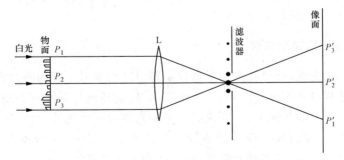

图 4-48　假彩色编码解调

下面从频谱的合成分析形成假彩色像的过程.这一特制底片的物可以看成两个黑白光栅组成,一个黑白光栅与普通的黑白光栅无异,其透光部分不引起相位分布,称为参考光栅;另一个黑白光栅并非严格意义下的光栅,其透光部分的相位受到原物灰度的调制,称为信息光栅.两者位错了光栅常数的一半,即 $d/2$. 参考光栅具有一组离散的谱斑,分别有 0 级、±1 级、±3 级,等等;信息光栅产生的是弥漫谱.现在在频谱面上放置滤波器,滤去参考光栅的±1 级及以上的各级频谱,只留下 0 级,它对应的是一个球面波;信息光栅频谱受到的影响不大,仍是一复杂的波.像面上的像就是它们两者相干叠加形成的,像场上每一点的强度取决于两者的相位差.由于在传播过程中从物面到像面各点的等光程性,因此,到达像场点的相位差就等于起始的相位差

$$\Delta\varphi = \varphi(P) - \varphi_0 = \frac{2\pi}{\lambda}[L(P) - L_0], \quad (4.65)$$

式中 φ_0 是参考光栅引起的相位,$\varphi(P)$ 是信息光栅中受到原物灰度调制而引起的与明胶厚度所对应的相位,$L(P)$ 是明胶厚度对应的光程.由于入射的是白光,包含不同波长的成分,像场中的某些点的相位差使得某些波长满足干涉相长条件,从而形成一定的颜色;而另外一些点的相位差使得另外一些波长满足干涉相长条件,从而形成另外的颜色.于是整个像场按照原物的灰度分布"染上"了彩色,它不是真实的彩色,因此称为假彩色.

这种假彩色编码技术在遥感、生物医学、气象等部门的图像处理中得到应用,取得很好的效果.

- **傅里叶变换光谱仪**

广义上说,傅里叶变换光谱仪是傅里叶光学另一方面的内容,其用途是测定光源辐射的光谱.众所周知,传统测定光谱的方法是将光照射到一个细狭缝上,从细狭缝出来的光通过一个色散元件(又称分光元件,三棱镜或光栅),把不同波长的光分散开来,再分别予以测量,从而获得光源辐射的光谱.傅里叶变换光谱仪测定光谱的方法与传统的分光方法根本不同,其仪器框图如图 4-49 所示,其中核心部

分是一台迈克耳孙干涉仪,动镜 M_2 以速度 v 匀速平移. 如果光源 S 是单色光,光谱中只有一个波长成分,双光束干涉强度随着动镜匀速平移作周期性变化,是一个随移动距离变化的简谐函数. 如果光源光谱中含有两个靠近的波长成分,双光束干涉强度则是两个频率相近的简谐函数的叠加,叠加的结果是一个强度随着动镜移动作类似于"拍"的周期性变化函数. 总之,光源所含的光谱成分与双光束干涉强度随动镜移动的分布有确定的对应关系,理论上可以证明,光源的光谱是双光束干涉强度随动镜移动的分布 $i(x)$ 的傅里叶变换. 因此,实际测量记录了干涉信息 $i(x)$,就可以获得其傅里叶频谱. 傅里叶变换光谱仪测量光谱的方法是移动动镜,记录下双光束干涉强度分布信息 $i(x)$,输入计算机,由计算机完成傅里叶变换计算,获得光谱图直接打印出来.

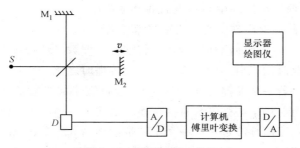

图 4-49 傅里叶变换光谱仪

傅里叶变换光谱仪有一系列优点,这一系列优点均来自它关于光谱曲线在一次测量中同时完成,这种同时制测量亦称为多通道测量,而采用分光元件顺序制测量则称为单通道测量. 优点之一是仪器的信噪比高,这是测量系统灵敏度的重要指标,对于微弱信号的检测尤为重要. 测量的统计理论表明,由于测量的多通道性,傅里叶变换光谱仪比常规光谱仪使信噪比高 $\sqrt{n}$ 倍,n 为光谱单元总数. 优点之二是仪器的分辨本领高,理论上仪器的分辨本领取决于两相干光束间能达到的最大光程差,分辨本领公式为 $R_F = \lambda/\Delta\lambda = 2l/\lambda$,$l$ 为最大光程差. 目前傅里叶变换光谱仪的最大光程差可达米的量级,其分辨本领是常规光谱仪远远达不到的. 此外,傅里叶变换光谱仪还有其他

习　题

4.1 在菲涅耳圆孔衍射实验中,点光源距离圆孔 1.5 m,接收屏距离圆孔 6.0 m,圆孔半径 ρ 从 0.50 mm 开始逐渐扩大,设光波波长 0.63 μm. 求：

(1) 最先两次出现中心亮斑时圆孔的半径 ρ_1, ρ_2；

(2) 最先两次出现中心暗斑时圆孔的半径 ρ_1', ρ_2'.

4.2 在菲涅耳圆孔衍射实验中,点光源距离圆孔 2.0 m,圆孔半径固定为 2.0 mm,波长为 0.50 μm. 当接收屏由很远处向圆孔靠近时,计算：

(1) 前三次出现中心亮斑的屏幕位置；

(2) 前三次出现中心暗斑的屏幕位置.

4.3 若一个菲涅耳波带片只将前五个偶数半波带遮挡,其余都开放,求此时的衍射场中心强度与自由传播时之比.

4.4 若一个菲涅耳波带片前 50 个奇数半波带被遮挡,其余都开放,求衍射场中心强度与自由传播时之比.

4.5 菲涅耳波带片第一个半波带的半径 $\rho_1 = 5.0$ mm：

(1) 用波长 $\lambda = 1.06$ μm 的单色平行光照明,求主焦距；

(2) 若要求主焦距为 25 cm,需将此波带片缩小多少倍？

4.6 如何制作一张满足以下要求的波带片：

(1) 它在 400.0 nm 紫光照明下的主焦距为 80 cm；

(2) 主焦点光强是自由传播时的 10^3 倍左右.

4.7 在夫琅禾费单缝衍射实验中,以钠黄光为光源,$\lambda = 589$ nm,平行光垂直入射到单缝上.

(1) 若缝宽为 0.10 mm,问第一级极小出现在多大的角度上？

(2) 若要使第一级极小出现在 0.50° 的方向上,则缝宽应多大？

4.8 水银灯发出的绿光,$\lambda = 5460$ Å,平行垂直入射到一单缝上,缝后透镜的焦距为 40 cm,测得透镜后焦面上衍射花样的主极大总宽度为 1.5 mm. 试求单缝宽度.

4.9 钠黄光的波长 $\lambda=5893$ Å,用作夫琅禾费单缝衍射实验的光源,测得第二级极小至衍射花样中心的线距离为 0.30 cm.当用波长未知的光作实验时,测得第三级极小离中心的线距离为 0.42 cm,求未知波长.

4.10 衍射细丝测径仪就是把单缝夫琅禾费衍射位置中的单缝用细丝代替.今测得零级衍射斑的宽度(两个一级暗斑间的距离)为 1.0 cm,求细丝的直径.已知光波波长 0.63 μm,透镜焦距 50 cm.

4.11 用人眼观察很远的卡车车前灯,已知两车前灯的间距为 1.50 m,人眼瞳孔直径为 3.0 mm,有效波长为 550 nm,问人眼刚好能分辨两车灯时,卡车离人有多远?

4.12 为使望远镜能分辨角间距为 3.00×10^{-7} rad 的两颗星,其物镜的直径至少应多大?为了充分利用此望远镜的分辨本领,望远镜应有多大的角放大率?假定人眼的最小分辨角为 2.68×10^{-4} rad,光的有效波长为 550 nm.

4.13 高空遥测用照相机离地面 20.0 km,刚好能分辨地面相距 10.0 cm 的两点,照相机物镜的直径有多大?设光的有效波长 $\lambda=$ 500 nm.又,照相感光底片银粒的粗细也以分辨率的大小加以区分,其分辨率用每毫米能分辨的线数 N 表示,它定义为能分辨的最小线距离(以 mm 为单位)的倒数.设相机物镜的焦距 50 cm,为充分利用相机的分辨本领,应选用多大分辨率的感光底片?

4.14 已知地月距离约为 3.8×10^5 km,用口径为 1.0 m 的天文望远镜能分辨月球表面两点的最小距离是多少?

4.15 已知日地距离约为 1.8×10^8 km,要求分辨太阳表面相距 20 km 的两点,望远镜的口径至少需有多大?

4.16 画出缝数 $N=6$,$d=1.5b$ 的平面透射光栅的强度分布曲线,并指出缺级.假定单色光垂直入射.

4.17 图中给出 4 幅多缝夫琅禾费衍射强度分布图.根据图中分布曲线回答下述问题:

(1) 图线分别是几缝衍射?

(2) 各图是否有缺级?若有缺级,d/b 等于多少?

(3) 哪条图线的缝宽 b 最大?哪条图线的缝宽 b 最小?设入射

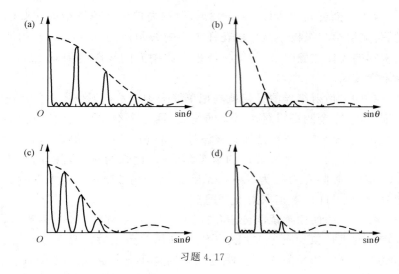

习题 4.17

光的波长相同,横坐标的比例也相同.

(4) 以 λ/d 和 λ/b 标度,标出各图横坐标的分度值.

4.18 He-Ne 激光器发出的红光,$\lambda = 6328$ Å,垂直入射到一平面透射光栅上,观察其夫琅禾费衍射花样.测得第一级极大出现在 38°的方向上,求光栅常数.能否看到其二级光谱?

4.19 钠黄光的波长 $\lambda = 5893$ Å,垂直入射到平面透射光栅上,测得第一级谱线的衍射角为 19°30′,用另一未知波长的单色光入射时,测得第一级谱线的衍射角为 15°6′.

(1) 求未知波长.(2) 最多能看到未知波长的第几级光谱?

4.20 一块每厘米有 6000 条刻线的光栅,以白光垂直入射,白光的波长范围为 4000~7000 Å.试分别计算第一级和第二级光谱的角宽度.两者是否有重叠?

4.21 一光栅每毫米有 200 条刻线,总宽度为 5.00 cm.

(1) 在一级光谱中,钠黄光双线波长分别为 5890 Å 和 5896 Å,它们的角间距为多少?每条谱线的半角宽度为多大?双线是否能分辨?

(2) 在二级光谱中,在波长 640 nm 附近能够分辨的最小波长差是多少?

4.22 在氢和氘混合气体的发射光谱中,波长为 656 nm 的红色谱线是双线,双线的波长差为 1.8 Å. 为了能在光栅的第二级光谱中分辨它们,光栅的刻线数至少需要多少?

4.23 白光的波长范围为 390～700 nm,平行垂直入射到平行的双缝上,双缝相距 $d=1.00$ mm. 用一个焦距 $f=1.00$ m 的透镜将双缝的干涉条纹聚焦在幕上. 若在幕上距中央白色条纹 3.00 mm 处开一小孔,在该处检查进入小孔的光,问将缺少哪些波长?

4.24 已知闪耀光栅的闪耀角为 15°,平行光垂直于光栅平面入射,在一级光谱中,波长为 1 μm 附近具有最大强度,问光栅在 1 mm 内应有多少条刻线?

4.25 一闪耀光栅每毫米有 1000 条刻槽,闪耀角为 15°50′,平行光垂直于光栅平面入射,求一级闪耀波长.

4.26 有三条平行狭缝,宽度都是 a,缝距分别为 d 和 $2d$(见图). 证明正入射时其夫琅禾费衍射强度分布公式为

$$I_\theta = I_0 \left(\frac{\sin\alpha}{\alpha}\right)^2 [3 + 2(\cos2\beta + \cos4\beta + \cos6\beta)],$$

其中 $\alpha = \frac{\pi a}{\lambda}\sin\theta, \beta = \frac{\pi d}{\lambda}\sin\theta$.

习题 4.26

习题 4.27

4.27 导出不等宽双缝的夫琅禾费衍射强度分布公式,缝宽分别为 a 和 $2a$,缝距 $d=3a$.

4.28 有 $2N$ 条平行狭缝,缝宽相同都为 a,缝间不透明部分的宽度作周期性变化:$a, 3a, a, 3a, \cdots$,见图,求下列各种情形中的衍射

强度分布.

(1) 遮住偶数缝;

(2) 遮住奇数缝;

(3) 全开放.

4.29 已知岩盐晶体的某晶面族的面间距为 2.82 Å, X 射线在该晶面族上衍射时, 在掠射角为 1°的方向上出现二级极大, 求 X 射线的波长.

习题 4.28

4.30 一平行单色光正入射到全息照相底片上, 同时有另一束同样波长的单色平行光以入射角 θ 入射到该底片. 试问: (1) 将产生怎样的全息条纹? (2) 条纹间的距离与 θ 角的函数关系又是怎样的? (3) 再现该全息图时, 用正入射平行光入射, 将得到几束什么方向的出射光波? (4) 如果用斜入射平行光再现全息图, 会得到怎样的出射光波? (5) 如以不同的 θ 角照射全息图, 会有什么现象出现?

4.31 制作全息照片时, 以垂直于感光片入射的一平行光束作为参考光, 另一同样波长的点光源的光作物光.

(1) 试写出干涉条纹极大值的轨迹方程式.

(2) 令参考光的入射角为 θ, 干涉条纹的形状和 θ 有何关系?

(3) 再现时以平行参考光照射, 再现将产生几个像点? 求出像点的位置(即与 θ 的关系).

4.32 去除照片中的栅纹. 图(a)是一张复合的月面照片, 它由许多长条胶片拼接而成, 这样获得的月面照片中有一些平行的水平栅纹, 它们会妨碍观看效果和获取正确的信息. 可以将该照片制成透明胶片放在 $4f$ 系统的输入面上, 采用空间滤波方法去除掉这些栅纹, 得到如图(b)较干净的月面图.

(1) 图(a)的空间频谱有些什么特点?

(2) 针对上述空间频谱的特点, 采用怎样的滤波器可得到图(b)的干净月面图?

按同样的思路, 研究粒子反应的气泡室照片时, 抑制未散射粒子的径迹, 可使观察分析更为方便有利.

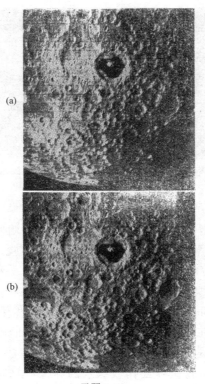

习题 4.32

4.33 新闻照片的平滑处理.仔细观察一下报纸上的新闻图片,其中的人、物和风景都是由许多整齐排列的不同大小的黑点组合构成,观看起来显得不连贯,不如普通照片看起来那样柔和,赏心悦目.新闻照片可以通过空间滤波作平滑处理,而得到一张如普通照片那样较为柔和的图像.

(1) 新闻照片的空间频谱有些什么特点?

(2) 针对上述空间频谱的特点采用怎样的滤波器作平滑处理?

习题 4.33

4.34 θ 调制实验. 这是一类用白光照明透明胶片, 通过空间滤波的方法在输出平面上获得彩色图像的有趣实验. 将无色的透明图片 (如题图所示为戏水小鸭) 放在 $4f$ 系统的输入平面. 戏水小鸭的不同部分 (鸭嘴、鸭身和水) 用不同方位取向的一维光栅加以调制.

(1) 在频谱面 $\mathscr{F}$ 上形成的傅氏空间频谱有些什么特点？

(2) 如果要在输出屏获得红嘴黄鸭戏蓝水的图像, 则频谱面上放置的滤波器应是怎样的？

(3) 如果要获得黄嘴红鸭戏绿水的图像, 则频谱面上的滤波器应是怎样的？

习题 4.34

光的偏振和光在晶体中的传播

5.1 概述
5.2 光的横波性和光的五种偏振态
5.3 起偏振器与检偏振器　马吕斯定律
5.4 双折射现象
5.5 惠更斯作图法
5.6 偏振棱镜
5.7 波片和补偿器
5.8 偏振光的干涉
5.9 人为双折射
5.10 旋光性

5.1 概　　述

光究竟是纵波还是横波,曾是光学发展史上的一个争论焦点,它对于确立光波动说是重要的.麦克斯韦电磁场理论将光学纳入电磁学,并得出"光是介质中起源于电磁现象的横波",最终肯定了光波动观念的主宰地位.前面我们已从电磁场理论中知道电磁波是横波,这里我们将从光学本身的研究中讨论与光的横波性相关联的一系列光学现象,这对于我们更为具体而深入地认识光的横波性大有裨益.

光的横波性、光的偏振在许多光学现象中,如光在介质界面的反射、折射以及光的散射、吸收等现象中都会呈现,而在晶体中的传播中表现得最为充分,它揭开了光学研究绚丽多彩的一个方面,它带来了光学技术多方面的广泛应用.

5.2 光的横波性和光的五种偏振态

- 自然光、线偏振光和部分偏振光
- 圆偏振光和椭圆偏振光

● 自然光、线偏振光和部分偏振光

1.2节已对自然光、线偏振光和部分偏振光这三种光的偏振态作了初步介绍.下面对这三种偏振态的特点再概括地说明如下.

线偏振光或平面偏振光.光的振动方向始终在一个平面内,它对于光的传播方向而言不是轴对称的,在垂直于振动面的振动方向上光强为零.线偏振光的偏振度 $P=1$.

自然光.振动方向随机分布,是没有哪个方向更为优越的断续波列.我们可以把自然光的各断续波列分别投影到任意两个相互垂直的方向上,等效为振动方向相互垂直的两个线偏振光,这两个线偏振光的振幅相等,它们之间没有固定的相位关系.自然光对于光的传播方向而言是轴对称的,沿任意两个垂直的振动方向上光强相等,它的偏振度 $P=0$.

部分偏振光.介于线偏振光和自然光之间,偏振度在 0 与 1 之间,它对于光的传播方向不是对称的,沿不同振动方向上光强不等,但不存在哪个振动方向上光强为零.

● 圆偏振光和椭圆偏振光

除了上述光的三种偏振态之外,还有两种更复杂的偏振态就是圆偏振光和椭圆偏振光.为了对它们的图像更清楚起见,先回顾一下线偏振光的波动图像.线偏振光也就是振动面为平面的简谐波,通常我们从三方面来认识:(1)固定空间一点来看,每一点在作振动方向确定的简谐振动,振动频率为 ν;(2)固定一个时刻来看,空间各点的光矢量排列在一条简谐曲线上;(3)随着时间的推移,波形向前传播.在传播方向上,各点振动的相位越来越落后.如图 5-1(a)所示.

圆偏振光亦可从这三方面来认识:(1)固定空间一点来看,每一点的光矢量随时间匀速旋转.矢量的长度不变,端点描绘一个圆,

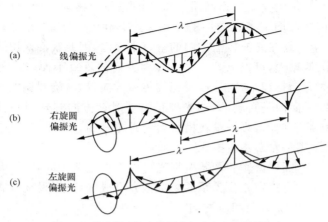

图 5-1　线偏振光与右旋圆偏振光和左旋圆偏振光

光矢量旋转的频率为 ν；(2) 固定一个时刻来看，空间各点的光矢量排列在一条螺旋线上；(3) 随着时间的推移，波形（螺旋线）向前传播．在传播方向上各点的相位越来越落后．这里又分两种情形，一种是**右旋圆偏振光**，迎着光传播的方向看去，每一点的光矢量都是右旋的，即顺时针方向旋转；在某一固定时刻看，空间各点的光矢量排列在右手螺旋线[①]上．另一种是**左旋圆偏振光**，迎着光传播的方向看去，每一点的光矢量都是左旋的，即逆时针方向旋转；在某一固定时刻看，空间各点的光矢量排列在左手螺旋线上．图 5-1(b)(c) 分别给出右旋圆偏振光和左旋圆偏振光的图像．

椭圆偏振光比圆偏振光更为复杂．固定空间一点看，空间每一点的光矢量随时间匀速旋转，而矢量的长度亦随时间周期性变化，矢量端点描绘一个椭圆，有两个极大值和两个极小值．在光矢量旋转过程中，极大值和极小值的方位不变．椭圆偏振光还可进一步分为**右旋椭圆偏振光**和**左旋椭圆偏振光**．

---

① 螺旋线一般可分为两种，一种称为右手螺旋线，螺旋的方向与螺旋前进的方向遵从右手法则，螺旋方向沿四指方向，螺旋前进的方向则沿右手大拇指方向；另一种称为左手螺旋线，螺旋的方向与螺旋前进的方向遵从左手法则，螺旋方向沿四指方向，螺旋前进的方向则沿左手大拇指方向．通常各种机械中的螺丝大都属于右手螺旋，某些有特殊要求的螺丝则属于左手螺旋．

以上便是圆偏振光和椭圆偏振光的完整的物理图像. 由于波场中沿波传播方向上各点的振动在相位上有确定的联系, 而且光是横波, 光矢量始终在光波传播方向的垂直平面内, 因此我们认识圆偏振光和椭圆偏振光, 可以只需从光波传播方向的垂直平面(横平面)内光矢量的运动特征来认识. 迎着光波传播方向看, 右旋圆偏振光的光矢量在横平面内是右旋的, 即光矢量沿顺时针方向旋转; 相反地, 迎着光波传播方向看, 光矢量在横平面内是左旋的, 即光矢量沿逆时针方向旋转, 则是左旋圆偏振光.

进一步, 圆偏振光和椭圆偏振光可以看成是两个同频、振动方向互相垂直、且有固定相位关系的线偏振光合成的结果. 设在垂直传播方向的平面内 x 方向和 y 方向的振动分别表示为

$$E_x = E_{0x} \cos \omega t, \tag{5.1}$$

$$E_y = E_{0y} \cos (\omega t + \Delta \varphi), \tag{5.2}$$

式中 $\Delta\varphi$ 为 y 方向的振动与 x 方向振动的相位差. 这两个振动代表了两个振动面相互垂直的线偏振光.

当相位差 $\Delta\varphi = 2k\pi$, k 为零或正负整数, 两个线偏振光合成的结果仍是线偏振光, 振动方向在一、三象限.

当相位差 $\Delta\varphi = (2k+1)\pi$, 两个线偏振光合成的结果仍是线偏振光, 振动方向在二、四象限.

当 $\Delta\varphi = 2k\pi + \dfrac{\pi}{2}$, E_x, E_y 合成的结果是右旋正椭圆运动, 相应的两个线偏振光合成的结果是右旋椭圆偏振光. 当 $E_{0x} = E_{0y}$ 时, 为右旋圆偏振光.

当 $\Delta\varphi = 2k\pi + \dfrac{3\pi}{2}$, E_x, E_y 合成的结果是左旋椭圆运动, 相应的是左旋椭圆偏振光. 当 $E_{0x} = E_{0y}$ 时, 为左旋圆偏振光.

当 $\Delta\varphi$ 为其他任意值时, 合成的结果都是椭圆偏振光. 以上结果图示于图 5-2 中.

反过来, 任意一个椭圆偏振光或圆偏振光可以分解为两个同频、振动方向互相垂直且具有固定相位差的线偏振光. 当沿椭圆的长轴和短轴方向分解时, y 方向和 x 方向振动的相位差 $\Delta\varphi = \dfrac{\pi}{2}$(右旋),

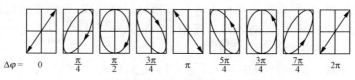

图 5-2　两个互相垂直的简谐振动合成椭圆振动

$-\frac{\pi}{2}$ 或 $\frac{3\pi}{2}$(左旋)；沿其他方向分解时，$\Delta\varphi \neq 0, \pm\frac{\pi}{2}$. 圆偏振光沿任意相互垂直的方向上分解时,相位差 $\Delta\varphi$ 都是 $\frac{\pi}{2}$(右旋)，$-\frac{\pi}{2}$(左旋).

圆偏振光也具有轴对称性．圆偏振光和自然光的区别在于，圆偏振光两相互垂直方向上的线偏振光是相位相关的．

5.3　起偏振器与检偏振器　马吕斯定律

有一类天然的矿物晶体叫做电气石，当自然光射到该晶体上，它能够强烈地吸收掉某一方向振动的光，而对与之垂直的方向上振动的光则吸收很少，在这个方向上振动的光，强度可几乎不变地通过，如图 5-3 所示．电气石的这种性质称为二向色性．自然光射向电气石，透过的则是线偏振光，因此电气石是一个天然的起偏振器．透过起偏振器的线偏振光的振动方向称为它的**偏振化方向**或透光轴．

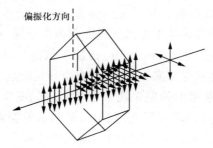

图 5-3　电气石的二向色性

天然的电气石晶体很小，透光截面不大．现在已经能人工制成大面积的起偏振器，叫做偏振片．它是将一些具有二向色性的微小有机晶粒如碘化硫酸奎宁沉淀在聚乙烯醇或其他塑料膜内，将膜经一定方向拉伸,有机晶粒按拉伸方向整齐排列起来而成.自然光透过偏振片成为线偏振光,忽略界面的反射,光强减为一半,线偏振光的振动面与偏振片的偏振化方向平行.

线偏振光射到偏振片上,透过的线偏振光的强度遵从马吕斯(E. L. Malus)定律,

$$I = I_0 \cos^2 \theta, \quad (5.3)$$

式中 I 为透射线偏振光的强度,I_0 为入射线偏振光的强度,θ 为入射线偏振光的振动方向和偏振片的偏振化方向之间的夹角.马吕斯定律是容易理解的.设入射线偏振光的振幅为 E_0,射到偏振片上,可将此线偏振光按偏振片的偏振化方向和垂直偏振化方向分解,如图 5-4 所示,其中沿偏振化方向的振幅为 $E = E_0 \cos \theta$.而垂直偏振化方向的振动分量被偏振片所吸收,透射的仅为偏振化方向的振动.由于强度与振幅平方成正比.因此,忽略反射损失,透射线偏振光的强度由(5.3)式决定.当 $\theta = 0$,$I = I_0$,入射线偏振光强度不减地通过偏振片;当 $\theta = \frac{\pi}{2}$,$I = 0$,入射线偏振光全部被偏振片吸收,没有光通过偏振片,称为**消光**.

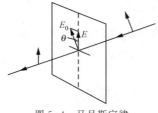

图 5-4　马吕斯定律

人眼和感光底片都只是对光的强度和频率敏感,对光的振动方向无法区别,因此各种偏振光只要强度和频率相同,对人眼和感光底片的反应是相同的,无法予以区分.借助于偏振片,可以很好地区分线偏振光、自然光和部分偏振光.起偏振器其实就是检偏振器.

利用反射和折射时的偏振现象也可制成起偏振器和检偏振器,用以产生偏振光和检验偏振光.利用反射的起偏振器需要调节入射光以布儒斯特角入射.利用折射的起偏振器还需要采用玻片堆提高折射光的偏振度,如图 5-5 所示.当自然光以布儒斯特角射向由许多玻璃板组成的玻片堆时,对于每一个玻璃和空气的分界面,入射角都是布儒斯特角,反射光都是振动方向垂直于入射面的线偏振光,自然光中振动方向垂直入射面的分量都反射了,透射光中剩下的只是振

动方向在入射面内的分量.

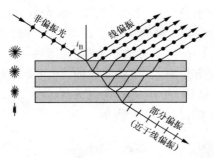

图 5-5　玻片堆偏振器

对于线偏振光,让它照射到一偏振片,隔着偏振片观察,旋转偏振片,透射光强度按马吕斯定律变化,有消光位置.这表明用一块偏振片可以显示出线偏振光沿传播方向不具备轴对称性.

自然光对于传播方向有轴对称性,隔着偏振片观察,旋转偏振片时透射光强不变,为 $\frac{1}{2}I_0$,但是透过偏振片的光为线偏振光,再用一块偏振片隔在中间旋转,可得到消光位置.

对部分偏振光,隔着偏振片观察,旋转偏振片,透射光强度变化,但无消光位置.

这样,我们用一块偏振片可以区分线偏振光、自然光和部分偏振光.但是仅用偏振片不能区分自然光和圆偏振光,也不能区分部分偏振光和椭圆偏振光.有关偏振光检验问题,留待 5.7 节再详细讨论.

5.4　双折射现象

当一束自然光在两种各向同性介质的分界面发生折射时,只产生一束折射光,其传播方向遵从折射定律.当自然光射向各向异性的晶体,例如方解石(又称冰洲石,是 $CaCO_3$ 的天然晶体),将分裂成两束沿不同方向折射,称为**双折射**.改变入射角,折射的两束光方向也随之改变,其中一束恒遵从折射定律,称为**寻常光**,简称 o 光,另一束不遵从折射定律,称为**非常光**,简称 e 光.所谓不遵从折射定律,就是指折射光可能不在入射面内,也可能入射角与折射角的正弦之比不是恒量,而要随入射角改变.特别是当入射光垂直射向晶体表面,入射角为零,o 光的折射角也为零,o 光的方向与入射光方向一致,垂直晶体表面;而 e 光的折射角可能不为零.如果将一块方解石压在一张有字的纸上,透过方解石看,字是双像的;如果旋转方解石,可以看到双像中一个是不动的,这就是 o 光成的像,另一个像绕着不动像运动,它是 e 光成的像,如图 5-6 所示.

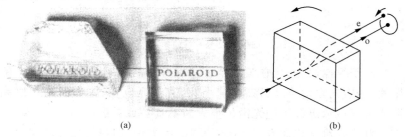

图 5-6 双折射现象

方解石是晶面为平行四边形的平行六面体,平行四边形的面角为 $78°8'$ 和 $101°52'$. 方解石六面体的八个顶点中有两个特殊的顶点,其三个面角都是 $101°52'$. 在此顶点有一个特殊方向,它与三条棱成相等角度,如图 5-7 所示.将方解石垂直此方向切开,光沿此方向垂直入射不发生双折射.此特殊方向称为晶体的**光轴**.需要指出的是,光轴是一个方向,而不是一条直线,凡是与此方向平行的都是光轴.有些晶体只有一个光轴,如方解石、石英和红宝石等,称为单轴晶体;有些晶体有两个光轴,如云母、蓝宝石、结晶硫黄等,称为双轴晶体.本课程只讨论单轴晶体.

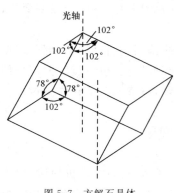

图 5-7 方解石晶体

双折射的两条光线都是线偏振光.为了表示 o 光和 e 光的振动方向,先介绍主平面概念.所谓 o **光主平面**或 e **光主平面**是指它们的光线与光轴所决定的平面.显然与主平面平行的平面也都是主平面.实验表明 o 光的振动方向总是垂直 o 光的主平面,e 光的振动方向总是在 e 光的主平面内.在一般情形下,o 光主平面与 e 光主平面不一定重合,因此 o 光的振动方向与 e 光的振动方向不一定垂直,但是在大多数情况下,o 光主平面与 e 光主平面的夹角不大,因此 o 光的振动方向与 e 光的振动方向差不多垂直.

另外讨论晶体双折射时还常用到**主截面**,它是指包含光轴且与晶体表面垂直的平面.当然平行于主截面的平面也都是主截面.当入射面与晶体的主截面重合时,o 光和 e 光都在入射面内,因此 o 光主平面、e 光主平面和主截面三者重合,o 光和 e 光的振动也就严格垂直,这是实际中常常遇到的情形.

还需要说明,o 光 e 光是指晶体内传播的双折射而言的,一旦射出晶体之后就是两束线偏振光,也就不再存在遵从不遵从折射定律的问题.

5.5 惠更斯作图法

- 单轴晶体中的波面
- 用惠更斯作图法确定光在晶体中的传播

● 单轴晶体中的波面

惠更斯原理能够很好地说明光波的反射和折射,在说明光波反射和折射时需要知道光波在介质中的波面形式.在各向同性介质中波面是球面,现在我们来考察光波在晶体内的波面形状.

波面是按波速画出的面.波面的大小取决于波的传播速度和所考虑的时间.对于各向同性介质,光沿各方向传播的速度相同,因此波面是球面.在各向异性介质中,光的双折射说明光在晶体中有两个速度,因而有两个波面.o 光遵从折射定律,说明 o 光的波面与光在各向同性介质的情形相同,是球面;e 光不遵从折射定律,说明 e 光的波面不是球面.实验和理论都表明,e 光的波面为回转椭球面.e 光的回转椭球面与 o 光的球面相切,相切的方向就是光轴,因为沿光轴方向不发生双折射.

单轴晶体可分为两类：

(1) 回转椭球面外切于球面，如方解石等，称为**负晶体**，如图 5-8(a)所示. 由波速可定义**主折射率**，$n_o=c/v_o$，$n_e=c/v_e$. 方解石的主折射率

$$n_o>n_e,\ n_o=1.6584,\ n_e=1.4864,$$

双折射率 $n_e-n_o=-0.1720$，为负值；

(2) 回转椭球面内切于球面，如石英等，称为正晶体. 如图 5-8(b)所示. 石英的主折射率

$$n_o<n_e,\quad n_o=1.5442,\quad n_e=1.5533,$$

双折射率 $n_e-n_o=0.0091$，为正值.

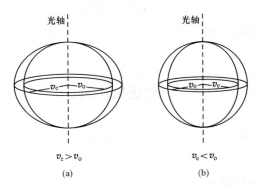

图 5-8 单轴晶体的波面

表 5-1 给出几种单轴晶体的主折射率和双折射率.

表 5-1 几种单轴晶体的主折射率和双折射率($\lambda=5893\text{Å}$)

晶 体	分子式	n_o	n_e	n_e-n_o
方解石	$CaCO_3$	1.6584	1.4864	-0.1720
白云石	$CaO\cdot MgO\cdot 2CO_2$	1.681	1.500	-0.181
菱铁矿	$FeO\cdot CO_2$	1.875	1.635	-0.240
红宝石	$Al_2O_3\cdot Cr$	1.769	1.760	-0.009
石 英	SiO_2	1.5442	1.5533	$+0.0091$
冰	H_2O	1.3091	1.3135	$+0.0024$
纤维锌矿	ZnS	2.356	2.378	$+0.022$

双轴晶体的波面形状更为复杂，我们现在不研究.

• 用惠更斯作图法确定光在晶体中的传播

用惠更斯作图法确定光在各向同性介质界面上的折射时,要点如图 5-9 所示如下:(1) 根据给定的情况,作出光在介质 1 中的波面 AB;(2) 在 A 点作光在介质 2 中的次波波面,次波波面的半径 R 满足

$$R/\overline{BC}=v_2\Delta t/v_1\Delta t=v_2/v_1=n_1/n_2;$$

(3) 由 C 作次波波面的共切面 DC,它就是折射波的波面;(4) 由 A 通过切点 D 作直线 AD,它就是折射光线.

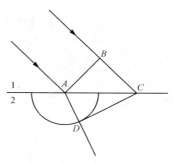

图 5-9 惠更斯作图法

应该注意,作图应按比例,否则在界面处光线的偏折将与实际不符.

研究自然光在晶体界面处的折射,应用惠更斯作图法的要点仍然相同,只是要考虑光在晶体内的波面形状. 图 5-10(a)(b)(c)(d) 画出几种不同情况下自然光在负晶体中的双折射. 根据 o 光的振动方向垂直 o 光的主平面,e 光的振动方向在 e 光的主平面内,还可以确定双折射两束线偏振光的振动方向.

在图 5-10(a)中,光轴与晶体表面斜交,自然光斜入射,此时入射面与主截面重合,为纸面. 次波波面与共切面的切点 D,E 均在主截面内,o 光和 e 光的光线也都在主截面内,因此 o 光和 e 光的主平面与主截面三者重合,o 光和 e 光的振动方向如图所示. 现在设想一下,光轴不在入射面内,微微向外翘,则入射面与主截面不重合. 由于 o 光波面是球面,由对称性可知,切点 D 仍在入射面内,因此 o 光光线在入射面内,而 e 光波面是椭球面,切点 E 将不在入射面内,微微翘向外,于是 e 光光线不在入射面内. 这时 o 光和 e 光的主平面以及主截面三者不重合,o 光和 e 光的振动方向不垂直.

在图 5-10(b)中,光轴与晶体表面斜交,自然光垂直入射,两边的光同时到达界面,左边和右边的次波波面一样大,o 光次波波面与共切面的切点 D 就在入射光线的正下方,所以 o 光光线的折射角也

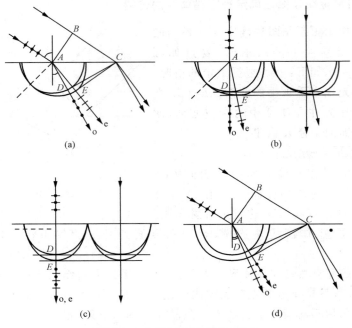

图 5-10 自然光射入晶体内的传播

为零;而 e 光次波波面与共切面的切点 E 偏右,e 光光线的折射角不为零.如果把晶体绕入射光方向转 180°,光轴斜向右边,e 光光线偏向左边,这就是前面谈到旋转晶体时,e 光的像绕着 o 光像旋转的情形.

在图 5-10(c)中,光轴与晶体表面平行,自然光垂直入射.由于光轴与界面平行,切点 D 和 E 都在 A 点正下方,o 光和 e 光的方向与入射光方向相同.虽然 o 和 e 光的传播方向相同,没有分开,但它们的传播速度不同,仍有差异,因而仍说此时有双折射.

在图 5-10(d)中,光轴垂直入射面,自然光斜入射,此时,次波波面被入射面截出两个半径不同的同心圆,小圆代表 o 光波面,大圆代表 e 光波面,切点 D,E 在入射面内,因而 o 光和 e 光在入射面内.由于次波波面在入射面内是一个圆,容易得出 o 光和 e 光都遵从折射定律,对于 e 光有

$$\frac{\sin i_e}{\sin r_e} = \frac{c}{v_e} = n_e,$$

在这种情形下，o 光 e 光的主平面和主截面三者不重合，但 o 光和 e 光的振动方向仍相互垂直.

上面讨论的是自然光入射情形，双折射总是存在的；如果入射的光是线偏振光，情况则有所不同. 以图 5-10(a)为例，当入射的线偏振光振动方向垂直入射面，则在晶体中只能引起 o 光的次波波面，因而折射光只有 o 光；当入射的线偏振光振动方向在入射面内，则在晶体中只能引起 e 光的次波波面，因而折射光只有 e 光；当入射线偏振光的振动方向为斜向时，才有双折射，双折射的两束光的强度按振幅分解来计算.

5.6 偏振棱镜

• 尼科耳棱镜   • 格兰-汤普森棱镜

● **尼科耳棱镜**

前面介绍过几种起偏振器，天然的电气石对某一方向振动的光吸收并不是十分干净的，因而不能获得非常纯的线偏振光，而且电气石晶粒不大，通光面积很小；人工制造的偏振片通光面积很大，但线偏振光也不纯；反射偏振只有当严格按布儒斯特角入射，反射光才是线偏振光，稍有偏离，线偏振光也不纯，而且使用时调节困难；晶体双折射能产生很纯的线偏振光，但两束线偏振光分开得不大，容易混杂在一起. 如果采用一些技术上的措施，将双折射的两束线偏振光分开，可制成很好的起偏振器. 这种技术上的措施就是制成特殊的偏振棱镜，尼科耳(Nicol)棱镜是其中的一种.

尼科耳棱镜的制作如下：取长宽比约为 3∶1 的透明方解石，两端面磨去稍许并抛光，使端面主截面的角度从 71°变为 68°，或其补角从 109°变为 112°，如图 5-11(b)所示；然后将晶体如图 5-11(a)所示对剖，在对剖面敷上一层薄薄的加拿大树胶，其折射率 $n_c = 1.55$；最后再将对剖的两块粘合起来，就成为一块尼科耳棱镜.

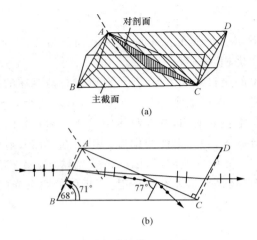

图 5-11 尼科耳棱镜

如图 5-11(b)所示,自然光从端面入射,在尼科耳棱镜中产生双折射,其双折射的情况与图 5-10(a)所示相同.对于 o 光 $n_o=1.6584>n_c$,而在加拿大树胶层处的入射角为 77°,大于临界角 70°,因此全反射到侧面,被侧面的吸收层吸收;对于 e 光,在树胶层处不会发生全反射,最后射出棱镜.尼科耳棱镜的偏振化方向在主截面内.

尼科耳棱镜对于入射的自然光的会聚程度有一定的限制,上下不超过 14°,上面斜向下超过 14°,e 光也发生全反射;下面斜向上超过 14°,o 光不发生全反射,o 光 e 光都可透过尼科耳棱镜.

● **格兰-汤普森棱镜**

格兰-汤普森(Galan-Thompson)棱镜是尼科耳棱镜的改进型.由两块光轴平行于端面的方解石直角棱镜组成,两棱镜的斜面相对,用加拿大树胶或其他矿物油胶合起来,如图 5-12(a)所示.

格兰-汤普森棱镜获得线偏振光的原理与尼科耳棱镜相同,自然光射入产生的 o 光在胶合面处全反射到侧面,被侧面的吸收层吸收;只有 e 光射出,获得很好的线偏振光.如图 5-12(b)所示.

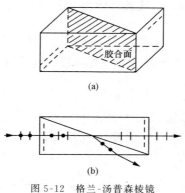

图 5-12 格兰-汤普森棱镜

5.7 波片和补偿器

• 波片　　• 补偿器　　• 偏振光的检验

● **波片**

波片也叫做相位延迟器,是由晶体制成的有准确厚度的薄片,其光轴与薄片表面平行.其作用是使在波片内传播的 o 光和 e 光通过波片后,产生一确定的光程差和相位差.

如图 5-13 所示,设波片的厚度为 d,主折射率为 n_o 和 n_e. 通过偏振片的线偏振光垂直射到波片上,入射光的振动方向与波片光轴的夹角为 θ. 入射光的振动可以按光轴方向分解成互相垂直的两个

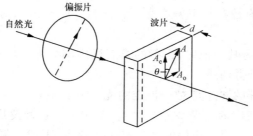

图 5-13 波片的作用

分量,平行光轴的振动进入波片成为 e 光,通过晶片后的相位为

$$\varphi_y = \omega t - \frac{2\pi}{\lambda} n_e d,$$

垂直光轴的振动进入波片成为 o 光,通过波片后的相位为

$$\varphi_x = \omega t - \frac{2\pi}{\lambda} n_o d.$$

如前面图 5-10(c),它们的传播方向相同,但是经历了一段路程之后,由于折射率不同,当它们穿出波片之后造成 $(n_o - n_e)d$ 的光程差,相应的相位差为

$$\Delta \varphi = \varphi_y - \varphi_x = \frac{2\pi}{\lambda}(n_o - n_e)d. \tag{5.4}$$

于是我们得到两个振动方向互相垂直的线偏振光,它们之间具有固定的相位差,相位差由(5.4)式确定.按照 5.2 节的讨论,它们合成的结果一般是椭圆偏振光,其偏振状态取决于相位差和原线偏振光分解的振幅比.具体分以下几种情形.

(1) $\Delta \varphi = 2k\pi$ 或 $(2k+1)\pi$,出射的仍为线偏振光,其振动方向在一、三象限或二、四象限.

如果 $\theta = 0$ 或 $\pi/2$,即入射线偏振光的振动方向与波片光轴平行或垂直,则入射线偏振光进入波片只产生 e 光或 o 光,透过波片后仍为线偏振光,振动方向仍与光轴平行或垂直.

(2) $\Delta \varphi = 2k\pi + \pi/2$ 或 $2k\pi + 3\pi/2$,出射的是正椭圆偏振光,其椭圆长轴或短轴在光轴方向. 当 $\Delta \varphi = 2k\pi + \pi/2$ 时,对应的是右旋椭圆偏振光;当 $\Delta \varphi = 2k\pi + 3\pi/2$ 时,对应的是左旋椭圆偏振光.

此外,另有 $\theta = 45°$,则 $A_e = A_o$,出射的为圆偏振光,当 $\Delta \varphi = 2k\pi + \pi/2$,对应的是右旋圆偏振光;当 $\Delta \varphi = 2k\pi + 3\pi/2$,对应的是左旋圆偏振光.

(3) $\Delta \varphi$ 为其他值时,出射的是斜椭圆偏振光,其椭圆的长轴或短轴不在光轴方向.

一种特殊的波片是对于特定的光波波长造成相位延迟 $\pi/2$(或 $2k\pi + \pi/2$),相应的光程差为 $\lambda/4$(或 $k\lambda + \lambda/4$),这种波片叫做**四分之一波片**,简称 $\lambda/4$ 片.线偏振光透过 $\lambda/4$ 片后,可成为椭圆偏振光或圆偏振光;而椭圆偏振光透过它,将叠加一附加的相位延迟,从而改

变其偏振状态.

另一种特殊的波片是**二分之一波片**,简称 $\lambda/2$ 片,它造成的相位延迟为 π. 线偏振光透过 $\lambda/2$ 片,叠加上 π 的相位差,出射的仍为线偏振光,振动方向从一、三象限转到二、四象限,转过 2θ 角. 它常用于改变或调整线偏振光的振动方向.

最后归纳起来:(1)波片是一种相位延迟器,其作用是使波片内传播的 o 光和 e 光通过波片后,产生一确定的光程差和相位差. $\lambda/4$ 片产生的光程差为 $k\lambda+\lambda/4$,相位差为 $2k\pi+\pi/2$;$\lambda/2$ 片产生的光程差为 $k\lambda+\lambda/2$,相位差为 $2k\pi+\pi$. (2)线偏振光通过波片一般地是椭圆偏振光,其中包括退化为线偏振光的情形. (3)产生圆偏振光的方法是波片必须是 $\lambda/4$ 片,且入射线偏振光的振动方向与 $\lambda/4$ 片光轴方向的夹角 $\theta=45°$. (4) $\lambda/2$ 片可以使线偏振光的振动方向转过 2θ,θ 为线偏振光振动方向与 $\lambda/2$ 片光轴方向的夹角.

- **补偿器**

波片只能使振动方向互相垂直的两束线偏振光之间产生固定不变的光程差,能任意改变光程差的器件称为补偿器或补色器. 常用的补偿器有巴比涅(Babinet)补偿器和索列尔(Soleil)补偿器.

巴比涅补偿器是由两块楔角很小的石英片组成,两楔的光轴互相垂直,如图 5-14 所示. 由于楔角很小,垂直入射的光在晶体内双折射的 o 光 e 光分不开,仍在垂直方向上. 左楔中的 o 光和 e 光进入右楔后分别变为 e 光和 o 光,因此,穿过补偿器后两垂直振动之间的相位差为

$$\Delta\varphi = \frac{2\pi}{\lambda}[(n_o-n_e)d_1+(n_e-n_o)d_2]$$
$$= \frac{2\pi}{\lambda}(n_o-n_e)(d_1-d_2), \tag{5.5}$$

式中 d_1 和 d_2 分别是光在左右两楔内经过的厚度. 显然,光在补偿器的不同部位通过时,d_1 和 d_2 的值不同,这就得到不同的相位差.

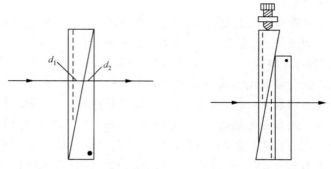

图 5-14 巴比涅补偿器   图 5-15 索列尔补偿器

巴比涅补偿器的缺点是必须使用很窄的光束,因为宽光束的不同部分会产生不同的相位差.索列尔补偿器为克服这一缺点而设计.如图 5-15 所示,索列尔补偿器由两个光轴平行的石英楔和一块两个表面平行的石英薄片组成,薄片的光轴与两楔的光轴垂直,左楔可借助于微动螺丝在右楔的斜面上平行移动.左楔移动时,两楔的总厚度发生连续变化,这使两楔总厚度与薄片厚度的差值可连续地改变,从而使相位差也可作连续调节.

- **偏振光的检验**

实际中需要对接收到的光进行检验,以确定它的偏振态,例如,磁场中原子发出的光谱线有的是圆偏振光;线偏振光在金属面上的反射是椭圆偏振光,其偏振态与物质的性质有关;等等.在 5.2 节介绍了用一块偏振片可以区分线偏振光、部分偏振光和自然光,但不能区分圆偏振光和自然光,也不能区分椭圆偏振光和部分偏振光.要作这样的区分,需要用到 $\lambda/4$ 片或补偿器. $\lambda/4$ 片或补偿器不仅可以用来产生圆偏振光或椭圆偏振光,它们也是检验圆偏振光和椭圆偏振光的重要器件.

前已叙及,圆偏振光可以分解为振动方向互相垂直、振幅相等的两束线偏振光,它们之间有固定的相位差,相位差为 $\pi/2$ 或 $3\pi/2$,而 $\lambda/4$ 片使相互垂直方向的线偏振光造成 $\pi/2$ 的相位延迟,因此圆偏振光透过 $\lambda/4$ 片之后,两振动方向垂直的线偏振光的相位差变为 π

或 2π,结果是 2,4 象限或 1,3 象限的线偏振光.再用一块偏振片放在光路中,旋转偏振片时,可以观察到消光.而自然光分解成互相垂直的两束线偏振光之间没有固定的相位关系,透过 $\lambda/4$ 片之后,虽然叠加了 $\pi/2$ 的相位差,它们之间仍是没有固定的相位差,因而仍然是自然光.再用一块偏振片来观察,不会出现消光.这样就区分了圆偏振光和自然光.

要区分椭圆偏振光和部分偏振光,应该注意,椭圆偏振光只有按椭圆的长轴和短轴的方向分解,这两个方向上振动的线偏振光之间的相位差才是 $\pi/2$ 或 $3\pi/2$;按其他方向分解,相位差不是 $\pi/2$ 或 $3\pi/2$.因此,需先用偏振片找出椭圆偏振光最亮和最暗的方位,然后插入 $\lambda/4$ 片,使它的光轴对在最亮或最暗的方向上.于是椭圆偏振光透过 $\lambda/4$ 片之后,两振动方向垂直的线偏振光之间的相位差为 π 或 2π,是一束线偏振光.再用偏振片,旋转偏振片有消光.而部分偏振光分解的两束线偏振光之间没有固定的相位关系,采用如上相同的手续放入 $\lambda/4$ 片,仍为部分偏振光,再用偏振片不会有消光.这样也就区分了椭圆偏振光和部分偏振光.

根据 5.2 节和本节的内容,读者可自行总结检验一束光偏振状态的方法,写出检验的具体步骤.

进一步仔细比较通过 $\lambda/4$ 或补偿器所附加的相位差值以及其表现,可区分左旋和右旋圆偏振光以及左旋和右旋椭圆偏振光,这里就不详谈了.

5.8 偏振光的干涉

• 单色偏振光的干涉　　　• 显色偏振　　　• 会聚偏振光的干涉

● **单色偏振光的干涉**

上面考查了线偏振光透过晶片的情形.在这种情形,有两列光波的叠加,它们频率相同,相位差也是固定的,但它们的振动方向垂直,不满足相干条件,这种叠加不是干涉.叠加的结果一般是椭圆偏振光.如果在晶片后面再放一块偏振片,可以把振动方向再引到同一方向上,则可产生偏振光的干涉.下面讨论两种情形.

(1) 两个偏振片的偏振化方向互相垂直,即 $P_1 \perp P_2$

如图 5-16 所示,单色自然光入射,通过第一个偏振片是竖直方向振动的线偏振光,透过晶片成为椭圆偏振光,它可以用两个线偏振光来表示,它们的振幅分别为 A_{1o} 和 A_{1e},它们之间的相位差为 $\Delta\varphi' = \frac{2\pi}{\lambda}(n_o - n_e)d$. 再透过第二个偏振片,垂直于其偏振化方向的分量被偏振片吸收,因此,A_{1e}, A_{1o} 中只有沿偏振化方向的分量才能透过,它们的振幅分别为

$$A_{2e} = A_{1e} \sin\alpha = A_1 \cos\alpha \sin\alpha, \qquad (5.6)$$

$$A_{2o} = A_{1o} \cos\alpha = A_1 \sin\alpha \cos\alpha, \qquad (5.7)$$

它们之间的相位差为

$$\Delta\varphi = \frac{2\pi}{\lambda}(n_o - n_e)d + \pi. \qquad (5.8)$$

附加的相位差 π 是由于 A_{1e} 和 A_{1o} 投影的方向不同,选择统一的振动正方向,则应加 π.

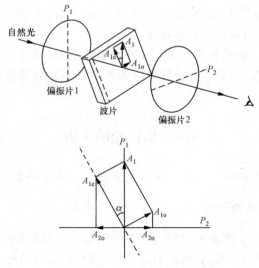

图 5-16 偏振光的干涉 I

现在透过第二个偏振片的两束线偏振光频率相同、振动方向相

同且有固定的相位差,它们相互干涉,透射光的强度取决于两相干光束的相位差,

$$\Delta\varphi = \frac{2\pi}{\lambda}(n_o - n_e)d + \pi = \begin{cases} 2k\pi, & 亮, \\ (2k+1)\pi, & 暗, \end{cases} \quad (5.9)$$

当晶片是均匀的,d 为常数,在整个视场中相位差相同,因此干涉的情况相同,亮度均匀.虽然没有干涉条纹,但仍是干涉,因为它满足相干条件.如果晶片的厚度不均匀,则不同地方相位差不同,视场中出现具有一定的强度分布或出现干涉条纹.

此外,透射光的强度还取决于相干光束本身的强度,当 $\alpha = 0$ 或 $\pi/2$ 等,由(5.6)式和(5.7)式,$A_{2e} = A_{2o} = 0$.因此,透射光的强度为 0.从另一角度看,当 $\alpha = 0$ 或 $\pi/2$ 等时,透过 P_1 的线偏振光射向晶片不发生双折射,透过晶片后仍为原振动方向的线偏振光,射向 P_2 被吸收,所以透射光强度为零.于是可以看出,一般地在正交偏振片之间旋转晶片一周,可出现四个消光位置和四个强度极大位置.

(2) 两个偏振片的偏振化方向互相平行,即 $P_1 /\!/ P_2$

如图 5-17 所示,不难得出

$$A_{2e} = A_{1e}\cos\alpha = A_1\cos^2\alpha, \quad (5.10)$$

$$A_{2o} = A_{1o}\sin\alpha = A_1\sin^2\alpha, \quad (5.11)$$

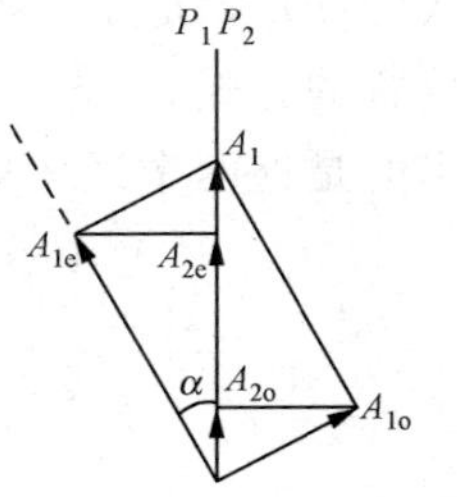

相位差中没有附加的 π,只有晶片引起的相位差,当

$$\Delta\varphi = \frac{2\pi}{\lambda}(n_o - n_e)d = \begin{cases} 2k\pi, & 亮, \\ (2k+1)\pi, & 暗, \end{cases} \quad (5.12)$$

图 5-17 偏振光的干涉 II

由(5.10)式和(5.11)式可以看出,一般情形下,$A_{2e} \neq A_{2o}$,与 $P_1 \perp P_2$ 情形不同,满足暗的条件时,强度不为零.

由(5.9)式和(5.12)式可以看出,若在 $P_1 \perp P_2$ 满足亮条件,则在 $P_1 /\!/ P_2$ 满足暗条件;反之在 $P_1 \perp P_2$ 满足暗条件,则在 $P_1 /\!/ P_2$ 满足亮条件,两种情形互补.因此,旋转第二块偏振片从 $P_1 \perp P_2$ 到 $P_1 /\!/ P_2$,观察到的亮暗互补.

例 在两个前后放置的偏振片之间插入一个 1/4 波片,两偏振片的偏振化方向夹角为 $60°$,波片的光轴方向与两偏振片的偏振化

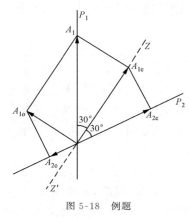

图 5-18 例题

方向之间的夹角均为 $30°$. 以光强为 I_0 的自然光射入这个系统,忽略界面反射等损失,则从第二块偏振片透出的光强是多少?

解 在图 5-18 中 P_1 和 P_2 分别代表第一和第二偏振片的偏振化方向,ZZ' 是 1/4 波片的光轴方向. 由图可知,从第二块偏振片透出的两个线偏振光的振幅分别为

$$A_{2e} = A_{1e}\cos30° = A_1\cos^2 30°,$$
$$A_{2o} = A_{1o}\sin30° = A_1\sin^2 30°.$$

这两个线偏振光之间有固定相位差,相位差为

$$\Delta\varphi = \pm\frac{\pi}{2} + \pi,$$

式中 $\pm\pi/2$ 是 1/4 波片产生的相位差,正负号取决于波片的性质和放置的方式,π 是由投影造成的附加相位差. 因此从第二块偏振片透出的是这两个线偏振光的相干叠加,其振幅满足

$$\begin{aligned}A^2 &= A_{2e}^2 + A_{2o}^2 + 2A_{2e}A_{2o}\cos\Delta\varphi \\ &= A_{2e}^2 + A_{2o}^2 \\ &= A_1^2(\cos^4 30° + \sin^4 30°) = \frac{10}{16}A_1^2,\end{aligned}$$

于是透过第二块偏振片的光强为

$$I = \frac{10}{16}I_1 = \frac{5}{16}I_0.$$

- **显色偏振**

以上讨论是单色光情形,如果光源采用包含各种色光的白光,对于一定的晶片,各种不同波长的光不可能同时满足相同的干涉亮暗条件,而是有些波长的光满足干涉亮条件,有些波长的光满足干涉暗条件,结果在偏振光的干涉中呈现一定的色彩,称为显色偏振,所呈

显的颜色称为干涉色.若晶片的厚度及双折射率是均匀的,则视场中呈现的干涉色是均匀的;若晶片的厚度或双折射率不均匀,视场中将出现不同的干涉色分布.

一定的晶片在正交偏振片($P_1 \perp P_2$)和平行偏振片($P_1 /\!/ P_2$)两种情形下有不同的干涉色,在正交情形下干涉最强的波长,在平行情形恰好是干涉最弱,反之亦然.所以在两种情形下干涉色是互补的.

一定的干涉色与晶片中一定的光程差相对应,矿物分析中根据所观察到的干涉色色调和实验已经编制好的干涉色与光程差对应表,可得知相应的光程差,再根据测出的晶片厚度,可求得晶片的双折射率.若在光路中插入一定的补偿器,由于光程差的改变,将使干涉色发生变化,据此可确定晶片是正晶体还是负晶体.矿物分析中据此确定晶体的种类.

- **会聚偏振光的干涉**

上面讨论的是平行的偏振光产生的干涉.会聚偏振光产生干涉的装置如图 5-19(a)所示. P_1, P_2 为偏振片,入射光通过会聚透镜 L_2 射向晶片,入射向晶片的线偏振光发生双折射,透过 P_2 将振动方向引到同一方向,可实现干涉,最后干涉花样通过透镜呈现在屏幕上.

对于单轴晶体,光轴垂直晶片表面,采用单色光源,屏幕上呈现的干涉花样如图 5-19(b)所示,由一系列的同心圆环和一个暗十字组成;采用白光时,同心圆环是彩色的,故称为等色线,暗十字称为等消色线.先分析等色线.如图 5-19(c)所示,在 D 点倾斜入射的线偏振光在晶片内产生双折射,通过 P_2 后振幅为 A_{2e} 和 A_{2o},它们的振动方向相同,并有固定的相位差,相位差取决于穿过晶片的厚度和相应的折射率之差 $n_o - n_e'$.当相位差 $\Delta\varphi = 2k\pi$ 时,为干涉极大;相位差 $\Delta\varphi = (2k+1)\pi$ 时,为干涉极小.由于轴对称性,与 D 在同一圆环上各点的光程差相同,干涉情况相同,它们具有相同的亮暗,因此构成等色线.在 M 点或 N 点射入晶片的光线在主截面内,因此主平面与主截面重合,入射光在晶体内不发生双折射,由 M 点射入晶片为 e 光,由 N 点射入晶片为 o 光,透过晶片仍为 P_1 方向振动的线偏振

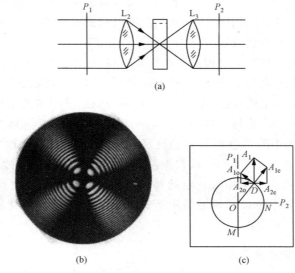

图 5-19 会聚偏振光的干涉

光,结果被 P_2 所吸收.对任意波长的光均如此,因而构成暗十字.

如果晶片的光轴与晶面不严格垂直,上述干涉花样是偏心的.

5.9 人为双折射

- 应力引起的双折射
- 电场引起的双折射

● **应力引起的双折射**

将各向同性介质,如玻璃、赛璐珞、有机玻璃、环氧树脂等,放在正交偏振片之间,用光照明不会有光透过正交偏振片,说明它们不产生双折射.如果在这些各向同性介质上施加拉力或压力,介质内部形成一定的应力分布,介质变成各向异性的,能够产生双折射.将此施加应力的介质放在正交偏振片之间,可以看到有光透过.

实验表明,在一定应力范围内,双折射率 $n_e - n_o$ 与应力成正比,因此,使用白光,在正交偏振片下,如同偏振光干涉一样,在施加应力的介质内可以看到复杂的彩色干涉条纹.这些干涉条纹是由于介质

中双折射率 $n_e - n_o$ 的分布造成的,它们反映了在外力作用下介质内部的应力分布.这在工程技术上有重要应用,形成的学科称为光弹学.工程技术上常常需要研究一定形状的构件在一定外力作用下内部的应力分布,弹性力学方程并不复杂,但实际构件的形状可能很不规则.要根据弹性力学方程解出满足此种边界条件的构件内部的应力分布是繁难的.然而在具有相似边界并具有相似外力作用下,弹性体具有相似的应力分布.因此可以用透明的环氧树脂模拟构件,施加相似的外力,如图 5-20(a)所示,在正交偏振片下观察,根据其中干涉条纹的分布可推知实际构件中的应力分布.这对于指导构件的设计具有重要意义.这种方法不仅用于机械构件的研究,也用于桥梁、水坝以及地质构造的研究.图 5-20(b)(c)是两个样品加压下形成的偏振光干涉条纹,可以看出在应力集中处的干涉条纹极为细密.

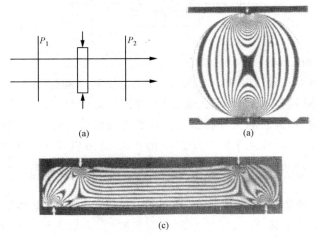

图 5-20 应力引起的双折射

有些透明的各向同性介质虽然没有施加外力,但由于加工过程中使材料内部凝聚有残存的应力,也会产生双折射,将它放在正交偏振片之间,可观察到有光透过.利用这一点可检验物件内部是否有残存的应力.

- **电场引起的双折射**

电场引起的双折射可分为两种,一种称为克尔(J. Kerr)效应,它是在各向同性透明介质上施加横向电场,放在正交偏振片之间,由于介质变成各向异性的,具有双折射,使光能通过.许多液体也都具有克尔效应.图 5-21 是观察克尔效应的装置,在两边正交偏振片之间放的是克尔盒,盒内装有能产生电场的平行板电容器.实验表明,在克尔效应中双折射率 $n_e - n_o$ 与电场强度的平方成正比,光轴沿电场方向.一般,克尔效应很弱,克尔效应较显著的硝基苯也需要加几万伏的电压.硝基苯的另一个缺点是有毒且易爆炸,使用起来不太安全.

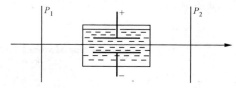

图 5-21　克尔效应

然而克尔效应的响应时间极短,加电场后不超过 10^{-9} s 的时间内,介质就具有双折射;撤去电场后,在同样短的时间内,介质变为各向同性的,双折射消失.因此,它具有很大的价值,利用它这种迅速动作的特性,可制成几乎没有惯性的光开关,它可以在 1 s 内切断光束高达 10^9 次.在高速摄影、光速测定以及光波调制等技术中得到广泛的应用.

另一种称为泡克耳斯(F. Pockels)效应,它是使用某些单轴晶体放在正交偏振片之间,光轴方向垂直偏振片,光沿光轴方向入射,不发生双折射.用透明导电材料、栅网或环形电极沿纵向施加电场,引起感生双折射,感生双折射率与电场的一次方成正比,如图 5-22 所示.常用的晶体有磷酸二氢钾(KH_2PO_4,又称 KOP)和磷酸二氢铵($NH_4H_2PO_4$,又称 ADP).一般数千伏就可产生显著的效应.泡克耳斯效应的响应时间也非常短,它也用作超高速快门和光调制器.

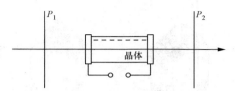

图 5-22 泡克耳斯效应

5.10 旋 光 性

• 旋光现象　　• 旋光性与生物活性　　• 磁致旋光

● **旋光现象**

1811年法国物理学家阿喇戈(D. F. J. Arago)发现一束线偏振光沿石英的光轴传播时,它的振动面会连续地偏转,此称为旋光现象,如图 5-23 所示. 以后物理学家又发现某些特质,如松节油、糖溶液等也有旋光现象,此外还发现旋光现象可分为右旋的和左旋的两种,迎着光传播方向看去,振动面顺时针方向旋转的物质称为右旋的,逆时针方向旋转的物质称为左旋的. 后来还进一步发现同一种物质可以分为右旋的和左旋的两种. 例如天然的石英有右旋石英和左旋石英,它们的分子式都是 SiO_2,但是其内部分子排列不同,如图 5-24 所示. 这两种形式的外形,除了一种是另一种的镜像之外,在其他方面都相同,它们称为**旋光异构体**.

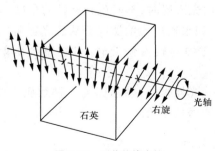

图 5-23 石英的旋光性

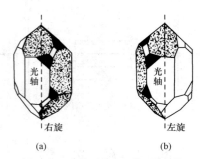

图 5-24 右旋石英和左旋石英晶体

旋光现象的规律可概述如下：

(1) 实验上发现线偏振光的振动面旋转的角度 φ 与物质的厚度 l 成正比,即

$$\varphi = \alpha l, \tag{5.13}$$

式中 α 称为旋光率,单位为 °/mm.

溶液中线偏振光的振动面旋转的角度 φ 还与溶液的浓度 C 成正比,其旋光规律为

$$\varphi = [\alpha]Cl, \tag{5.14}$$

式中浓度的单位为 g/cm³,物质的厚度 l 的单位为分米,符号为 dm,$[\alpha]$ 称为溶液的比旋光率,其单位为 °/(dm·g·cm⁻³). 化学实验和化工中利用旋光规律(5.14)式测量旋光物质的浓度.

(2) 旋光率和比旋光率还与物质的性质以及入射光的波长有关. 对于石英, $\alpha_{4047\text{Å}} = 48.9°/\text{mm}$, $\alpha_{5461\text{Å}} = 25.5°/\text{mm}$, $\alpha_{7281\text{Å}} = 13.9°/\text{mm}$. 因此白光入射时,不同色光旋转的角度不同而分散开来,即存在旋光色散. 如果通过检偏器迎着从旋光物质出射的光观察,将检偏器以光出射方向为轴慢慢旋转,可观察到出射光的颜色逐渐变化.

化学家们对旋光性很感兴趣,因为一种物质对线偏振光的这种影响与其化学结构密切相关.

- **旋光性与生物活性**

前面谈到旋光异构体,它是指化学成分相同,但是化学结构互为

镜像,且旋光性可分为右旋和左旋的物质,它们分别表示为 D 型的和 L 型[①]的. 例如糖溶液,其分子式为 $C_{12}H_{22}O_{11}$,实验发现天然的糖,无论是从甘蔗里榨出来的还是从甜菜里榨出来的,都是 D 型糖;而实验室里人工合成的糖总是产生数目相等的 D 型糖和 L 型糖的异构物,结果人工合成的糖是非旋光的. 人们做实验,在人工合成糖的溶液中放入一些细菌,经过若干时间后,一些糖被细菌消化掉,剩下来的糖则是 L 型糖,它们使线偏振光的振动面向左旋转,这表明生物体具有某种选择性的特异功能,它们能吸收 D 型糖作为养料,它们也能制造 D 型糖;而 L 型糖对生物体是毫无意义的,既不能消化,也不能制造它们.

　　蛋白质是生物体中不可缺少的物质. 蛋白质由不同的氨基酸组成. 氨基酸由碳、氢、氧和氮组成,一共有二十多种氨基酸. 除了最简单的甘氨酸之外,生物体中的其他氨基酸都是左旋的. 这就意味着把一个蛋白质分子分裂开来,不管这个蛋白质分子是从鸡蛋里取出来的,从茄子里取出来的,从甲壳虫取出来的,还是从人体中取出来的,组成的氨基酸都是 L 型的. 人们在实验室中可以用二氧化碳、乙烷和氨等无机分子合成丙氨酸,它是氨基酸的一种. 人工合成的丙氨酸中含有等量的 D 型丙氨酸和 L 型丙氨酸,可是生物体中只有 L 型丙氨酸. 曾经在某些陨石中发现几种氨基酸,而这些氨基酸包含大约等量的 D 成分和 L 成分,与生物体中的情形极端不同.

　　为什么生物体中的氨基酸或糖类具有特定的旋光性,而按物理和化学方法人工合成的物质是 D 型和 L 型各参半的? 或者为什么物理、化学规律是左右对称的,而生物体内的化合物却是左右不对称的? 这是打开生命起始之谜的基本问题. 人们推测是生物体内的催化剂——酶在起作用. 在生物体内,酶负责食物消化、神经传导等多种功能. 酶本身其实就是一种特殊的蛋白质. 它也有 D 型 L 型之分. 生物体内的酶是 L 型的,它只消化和制造 L 型的氨基酸,对 D 型氨基酸不起作用,是生物体内的酶维持了左右不平衡的状态. 生物体一旦死亡,酶便失去活性,造成左右不平衡的生物化学反应也就停止

[①] L 代表 levo(左),D 代表 dextro(右).

了,此后随着时间的推移,L 型氨基酸逐渐向 D 型氨基酸转化,直到 D 型 L 型各占一半,反应达到平衡. 其实,氨基酸的这种趋于左右平衡的作用并非从死亡时才开始. 研究表明,在生物体老化的过程中,D 型氨基酸已按一定速度在体内积累起来.

然而酶为什么具有 L 型的作用仍然是一个谜. 科学家们正在努力探索.

● **磁致旋光**

1845 年法拉第发现,当线偏振光通过一加有纵向磁场的物质,振动面会发生旋转,此称为磁致旋光效应或法拉第磁光效应. 观察磁致旋光效应的装置如图 5-25 所示. P_1 为起偏器,出射的光为线偏振光,中间为加有纵向磁场的物质,P_2 为检偏器. 当励磁线圈中没有电流时,检偏器的偏振化方向 P_2 与 P_1 正交,这时发生消光,表明振动面在物质中没有旋转;当通入励磁电流产生强磁场后,则发现必须将 P_2 的偏振化方向转过 ψ 角才出现消光,这表明线偏振光通过物质后,振动面转过了角度 ψ.

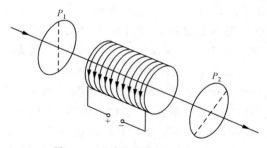

图 5-25 磁致旋光效应的观察装置

实验表明,对于给定的均匀介质,线偏振光振动面的转角 ψ 与样品的长度 l 和磁感应强度 B 成正比,

$$\psi = VlB, \qquad (5.15)$$

V 叫做维尔德常数. 一般物质的维尔德常数都很小,而轻火石玻璃的 V 可达 $0.0317'/(\text{cm} \cdot \text{Gs})$. 这就是说对于 10 cm 厚的轻火石玻璃,中等强度的磁场 10^4 Gs,振动面的旋转角达 $52°50'$.

磁致旋光效应的另一特点是光的传播方向反转时,振动面旋转的左右方向相反.这一点与自然旋光现象根本不同.在自然旋光中,线偏振光来回两次通过同一旋光物质,振动面将回到初始位置.而当线偏振光来回两次通过同一磁光物质,振动面最终将转过 2ψ 的角度.利用磁致旋光的这一特点可制成光隔离器,只允许光从一个方向通过而不能从相反方向反射通过.

习 题

5.1 在测定感光乳胶特性的实验中,需要用一系列不同强度的光使感光片曝光,这些不同强度的光可借助于两个偏振片得到.为使感光片以 1.0∶0.8∶0.6∶0.4∶0.2∶0 的光强比曝光,两个偏振片之一必须相应地转过多大角度?

5.2 四个偏振片依次前后排列,每个偏振片的偏振化方向均相对于前一偏振片沿顺时针方向转过 30°角.若入射的自然光光强为 I_0,不考虑吸收,散射和反射等因素引起的光能损失,则透过此偏振片系统的光强是多大?

5.3 试用惠更斯作图法画出如图所示的正晶体情形,自然光入射,光在晶体中的传播情形.如果以线偏振光入射,例如线偏振光振动方向垂直入射面或在入射面内,光在晶体中的传播变为如何?

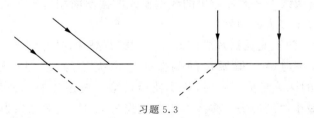

习题 5.3

5.4 图为尼科耳棱镜的主截面,已知 $\angle CAC' = 90°$,$\angle ACC' = 68°$,方解石的 $n_o = 1.658$,粘合胶的折射率 $n = 1.550$.正常使用时入射光应平行棱边 AA',即沿 SM 方向入射.假如光沿 S_0M 方向入射时,棱镜内的 o 光则刚好能在胶合面 AC' 上全反射.入射光以更大的角度入射时,则 o 光不发生全反射,从而尼科耳棱镜失去起偏作用.试求 $\angle S_0MS$.

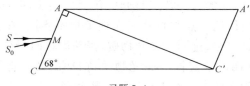

习题 5.4

5.5 图为方解石做成的渥拉斯顿棱镜,$\alpha=15°$,一束单色自然光垂直入射.画出出射的两条光线的方向以及其偏振状态.计算两条出射光线间的夹角.

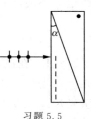

习题 5.5

5.6 用石英晶片制作适用于钠黄光的 1/4 波片,晶片的最小厚度是多少?已知石英的双折射率 $n_e-n_o=0.009$.怎样用此 1/4 波片产生一长短轴之比为 2∶1 的右旋椭圆偏振光?

5.7 线偏振光垂直入射到一块光轴平行于表面的方解石晶片上,入射光的振动面与晶体主截面夹角为 30°,方解石的双折射率 $n_e-n_o=-0.172$.

(1) 求晶片中 e 光和 o 光的强度比.

(2) 为使晶片对钠黄光($\lambda=589\,\text{nm}$)成为 1/2 波片,其最小厚度是多少?

(3) 从该 1/2 波片透出的线偏振光的振动面相对于入射光的振动面转过了多大的角度?

5.8 两正交偏振片之间放置一方解石晶片,晶片的光轴与其表面平行,并与第一偏振片的偏振化方向夹角为 45°,以波长 $\lambda=589\,\text{nm}$ 的钠黄光垂直入射,若要使透过第二偏振片的光强为最大,晶片的最小厚度应等于多少?入射光强为 I_0 时,透射光强为多少?

5.9 在平行偏振片间放置一方解石晶片,其光轴与晶片表面平行,并与第一偏振片的偏振化方向夹角为 15°,以钠黄光垂直入射.若要使从第二偏振片透出的光为极小值,则晶片厚度是多少?至少算出三种厚度.此时透射光强与入射光强之比是多少?

5.10 一块厚 0.025 mm 的方解石晶片,其光轴与晶面平行,放置在两正交偏振片之间.从第一偏振片出来的线偏振光垂直入射到晶片上,振动方向与晶片的光轴方向夹角为 45°.

(1) 透过第二个偏振片的光在可见光谱(4000～7000 Å)中缺少哪些波长?

(2) 若两偏振片的偏振化方向互相平行,则透射光中缺少哪些波长?

假定方解石的双折射率 $n_e - n_o = -0.172$,可看作常数.

5.11 图为一杨氏干涉装置,单色光源 S 在对称轴上,在幕上形成双缝干涉条纹,P_0 处为零级亮纹,P_4 处为一级亮纹,P_1, P_2, P_3 为 $\overline{P_0 P_4}$ 间等间距点.

(1) 在光源后面放置偏振片 N,在双缝 S_1, S_2 处放置相同的偏振片 N_1, N_2,它们的偏振化方向互相垂直,且与 N 的偏振化方向成 45°角. 试说明 P_0, P_1, P_2, P_3, P_4 处光的偏振状态,并比较它们的相对强度.

(2) 在幕前再放置偏振片 N',其偏振化方向与 N 垂直,则上述各点光的偏振状态和强度变为如何?

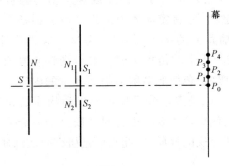

习题 5.11

5.12 把一片垂直光轴切割的石英晶片插入平行偏振片系统中,以钠黄光为光源,石英片的厚度等于多少时,光不能通过第二个偏振片? 已知石英对钠黄光的旋光率为 21.7°/mm.

5.13 一未知浓度的葡萄糖溶液装在 12.0 cm 长的管子中,当线偏振光通过葡萄糖溶液时,振动面转了 1.23°,求葡萄糖溶液的浓度. 已知葡萄糖溶液的比旋光率为 20.5°/(dm·g·cm^{-3}).

6 光的吸收、色散和散射

6.1 概述
6.2 光的吸收
6.3 光的色散
6.4 波包和群速
6.5 光的散射

6.1 概 述

除了真空,没有一种介质对光波或电磁波是绝对透明的.光的强度在介质中随传播距离增大而减少的现象称为介质对光的吸收,被吸收的光能量转化为介质分子的无规热运动的能量;介质的不均匀性将导致光的散射,它将定向入射的光强散射到各个方向,它也造成定向光强随传播距离的增大而减少,但这不应当算计在介质对光的真吸收中;光在介质中的传播速度一般与光频或波长有关,这被称为光的色散.光的吸收、色散和散射与前面几章的内容不同,不仅仅是关于光的传播,而且也是涉及分子尺度上光和物质的相互作用过程.关于这三种现象的研究都需要考虑光对介质分子或介质颗粒的作用,所得的结果反映了介质的性质,因此它们是研究介质性质的重要途径.

6.2 光 的 吸 收

- 线性吸收规律
- 普遍吸收和选择吸收
- 吸收光谱
- 复数折射率

● **线性吸收规律**

如图 6-1,一单色平行光束沿 x 方向通过均匀介质,光的强度经过厚度为 dx 的一薄层介质时,强度由 I 减为 $I-\mathrm{d}I$,实验表明在相当广阔的光强范围内,$-\mathrm{d}I$ 正比于 I 和 dx,有

$$-\mathrm{d}I = \alpha I \mathrm{d}x, \qquad (6.1)$$

式中 α 是一个与光强无关的比例系数,称为吸收系数,其含意为经历单位长度介质所致光强减少的百分比. 可见光波段纯净水的 $\alpha \approx 0.02\ \mathrm{m}^{-1}$,各种无色玻璃的 α 在

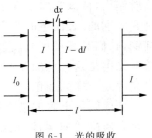

图 6-1 光的吸收

$0.05 \sim 0.15\ \mathrm{m}^{-1}$ 之间. (6.1)式称为线性吸收规律.

将上式改写成 $\dfrac{\mathrm{d}I}{I} = -\alpha \mathrm{d}x$,并在 0 到 l 区间对 x 积分,可得

$$I = I_0 \mathrm{e}^{-\alpha l}, \qquad (6.2)$$

式中 I_0 和 I 分别为 $x=0$ 和 $x=l$ 处的光强,(6.2)式称为布格定律(P. Bouguer,1729)或朗伯定律(J. H. Lambert,1760). 在激光技术发明以前,实验证明线性吸收规律是相当精确的;自从人们获得高强度的激光以后,光和物质的非线性相互作用显示出来,并成为人们研究的重点. 在非线性光学领域中,吸收系数和其他许多系数(如折射率)一样,依赖于光强,布格定律不再成立.

对于液体介质,吸收系数 α 与溶液中溶质的浓度成正比,

$$\alpha = AC,$$

其中 A 是一个与浓度无关的新常量,吸收定律(6.2)式可写成

$$I = I_0 \mathrm{e}^{-ACl}. \qquad (6.3)$$

此称比尔定律(A. Beer,1852). 比尔定律在化学上常用来测定溶液的浓度.

- **普遍吸收和选择吸收**

介质对不同波长的光的吸收都为同等程度时,称为普遍吸收. 一束白光透过普遍吸收介质,其透射光不显色,仅是总光强的减弱. 若介质对某些波长或某波段的光吸收特别强,则称为选择吸收. 各种有颜色的物质,其颜色的来源都是这种选择吸收的结果,这些物质呈现出的颜色效果,是光透进物质相当距离被选择吸收后,再受到散射或

反射作用，从该物质表面射出，这称为体色，它和有些物质的表面色是有区别的。表面色的产生完全是因为表面反射，一些金属像黄金和红铜，它们对某种色光反射本领特别大，反射的光就是这种颜色，而透射光则是这种色的互补色；而呈体色的物质与之不同，反射光和透射光都是一样的颜色。

从广阔的电磁波谱来说，普遍吸收的介质是不存在的，选择吸收才是介质的普遍属性。比如地球大气层对 400～760 nm 的可见光波段是透明的；400 nm 以下的紫外线将被空气中的臭氧强烈地吸收；对于红外辐射，大气只在某些狭窄的波段内是透明的，这些透明的波段称为"大气窗口"。大气对红外辐射的广泛吸收是由于其中所含的水蒸气，故大气的红外吸收或透明窗口与气象条件密切相关。

研究物质光谱的分光仪器中使用的棱镜、透镜等的材料应避免在所研究的光谱范围内有较强的吸收，在可见光范围内玻璃的吸收很小，在可见光波段可选用玻璃作为材料，而紫外波段选用石英作为材料，它在 180～4000 nm 范围都是相当透明的，红外波段选用岩盐(NaCl)晶体作为材料，它在 175～14 500 nm 范围相当透明。

● **吸收光谱**

具有连续谱的白光通过吸收物质，再经过光谱仪分析，可得到不同波长的光被吸收的情况，它形成所谓吸收光谱，是在宽广的连续谱背景上出现一些暗线或暗带。值得注意的是同一物质的发射光谱的波长值和吸收光谱的波长值相当精确地一致，这说明某种物质自身发射哪些波长的光谱，也就强烈地吸收这些波长的光谱，它揭示了介质对光的吸收，本质上是原子对电磁波谱的共振吸收。

这一点具有深刻的意义。其一，根据物质的吸收谱线的波长值与已知物质发射的原子光谱的比对，就可以知道该物质包含哪些化学元素以及它们的含量。太阳的光谱是在其连续光谱上呈现一系列的暗线和暗带，这是处于温度较低的太阳大气中的原子对更加炽热的太阳内核发射的连续光谱选择吸收的结果，这些谱线是夫琅禾费(J. von Fraunhofer,1814)首先观察到的，后来根据吸收光谱和发射光谱的比对，查明太阳大气中存在的元素主要有氢，其他还有钠、氧、钙、铁等 60 多种元素.1868 年法国人让桑(J. P. Janssen)在太阳光谱中发现一些不知来源的暗线,英国天文学家诺基尔(J. N. Nockyer)把这一结果解释为存在一种未知元素,并将它取名为 helium(氦),词源于希腊文 helios,为太阳之意.到 1894 年,才由英国化学家莱姆赛(W. Ramsay)从钇铀矿物蜕变出的气体中发现同种元素,说明地球上也存在氦.

其二,这为统一解释光的吸收、光的色散和光的散射过程提供了理论上的依据.

● **复数折射率**

透明介质折射率的本意是 $n=c/v$,即真空光速 c 与介质中光速 v 之比值.在介质中沿 x 方向传播的平面电磁波的电场强度可写成如下的复数形式,

$$\widetilde{E} = \widetilde{E}_0 \exp\left[-i\omega\left(t - \frac{x}{v}\right)\right] = \widetilde{E}_0 \exp\left[-i\omega\left(t - \frac{nx}{c}\right)\right], \quad (6.4)$$

这里 n 是实数,电磁波不随距离衰减.如果我们形式地把折射率看成复数,并记作

$$\tilde{n} = n(1 + i\kappa), \quad (6.5)$$

其中 n 和 κ 都是实数,则(6.4)式化为

$$\widetilde{E} = \widetilde{E}_0 \exp\left[-i\omega\left(t - \frac{\tilde{n}x}{c}\right)\right] = \widetilde{E}_0 e^{-\frac{n\kappa\omega x}{c}} \cdot \exp\left[-i\omega\left(t - \frac{nx}{c}\right)\right],$$

而光强则为

$$I \propto \widetilde{E}^* \cdot \widetilde{E} = |E_0|^2 e^{-\frac{2n\kappa\omega x}{c}}. \quad (6.6)$$

此式与(6.2)式形式相同,代表一个随距离衰减的平面波,故 κ 称为衰减指数.将(6.6)式与(6.2)式加以比较即可看出,衰减指数 κ 与吸收系数 α 的关系是

$$\alpha = \frac{2n\kappa\omega}{c} = \frac{4\pi n\kappa}{\lambda}, \quad (6.7)$$

这里 λ 是真空中的波长.由此可见,介质的吸收可归并到一个复数折射率 $\tilde{n}$ 的概念中去,$\tilde{n}$ 的虚部反映了因介质的吸收而产生的电磁波衰减.

6.3 光的色散

- 正常色散和柯西公式
- 反常色散
- 一种物质的全域色散曲线
- 色散的经典理论

● **正常色散和柯西公式**

一种介质的折射率 n 随波长改变的现象称为**色散**. 1672 年牛顿用三棱镜把日光分解成七色光带就是最早的色散实验. 他还曾利用正交棱镜法将色散曲线非常直观地显示出来, 如图 6-2 所示. 其中一个棱镜将不同色光展宽, 相当于给出一个波长标尺, 另一个棱镜显示不同色光的色散, 这与实验测量介质折射率随波长变化的色散曲线非常相似. 实验表明, 在可见光范围内, 各种无色透明物质的色散曲线形式上很相似, 如图 6-3. 其特点是对于短波紫光, 折射率较大, 对于长波红光, 折射率较小, 即折射率 n 随波长 λ 的增大而单调下降, 而且下降率在短波一端更大, 这种色散称为**正常色散**.

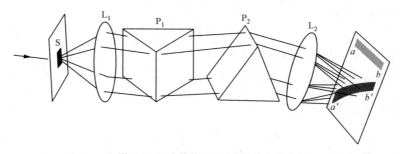

图 6-2 正交棱镜法显示的正常色散

1836 年柯西(A. L. Cauchy)给出一个正常色散的经验公式

$$n = A + \frac{B}{\lambda^2} + \frac{C}{\lambda^4}, \tag{6.8}$$

式中 A, B, C 是与物质有关的常量, 其数值由实验数据确定. 当 λ 变化范围不太大时, 柯西公式可只取前两项, 即

$$n = A + \frac{B}{\lambda^2}. \tag{6.9}$$

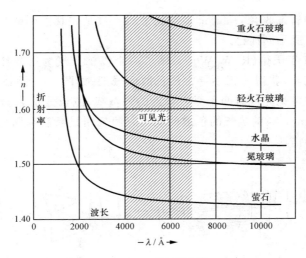

图 6-3 正常色散曲线

- **反常色散**

在测量透明介质的折射率时,如果把测量的光谱范围延伸到红外区域,则其色散曲线就将明显偏离柯西公式,如图 6-4 所示. 先是从 R 处开始折射率随波长增加而急剧下降;当波长接近红外某一谱带时,介质变得完全不透明,这谱带正是该介质的选择吸收带. 当波长大于这吸收带的长波端稍许时,折射率又很快变

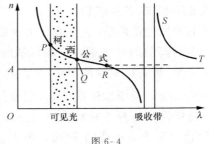

图 6-4

得很大,且随波长增加而更陡地下降,随后折射率在 ST 段的变化又回复到如同 PQ 段那样,遵循柯西公式,只不过其渐近值要大于前一段的渐近值. 在波长小于吸收带区域内折射率随波长增加而急剧下降,在吸收带附近色散曲线明显不连续,且吸收带长波端的折射率明显大于短波端的折射率,这些显然有别于正常色散,故被称为**反常色散**.

其实,选择吸收是所有介质的普遍性质,吸收带附近的反常色散也是一种普遍现象,所谓正常与反常只不过是先观察到的与后来观察到的有所不同而已.

1904 年伍德(R. W. Wood)做了一个以钠蒸气为等效棱镜的正交棱镜实验,获得一张不寻常的色散曲线图,如图 6-5 所示.钠的发射光谱在可见光区有两条靠得很近的强黄线,波长分别为 589.0 nm 和 589.6 nm.在钠蒸气的色散曲线中有两处明显断裂和明显偏离正常色散的情形.

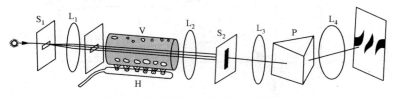

图 6-5　观察钠蒸气反常色散的实验装置

- **一种物质的全域色散曲线**

任何物质一般都有多个吸收谱线(带),虽然各种物质的色散曲线各不相同,若从波长 $\lambda=0$ 到 $\lambda=10^3$ m 的宽广范围内考察各种物质的全域色散曲线,它们表现出相似的形貌,大体上如图 6-6 所示.一系列离散的吸收带将全域色散曲线隔成一段段,在两个相邻吸收带之间,折射率 n 单调下降,每经过一吸收带折射率 n 急剧上升,该段曲线随波长增加依次抬高,当波长 $\lambda \to \infty$ 时,折射率 $n \to \sqrt{\varepsilon_r}$,其中 ε_r 为该物质的静态相对介电常量.$\lambda=0$ 时,任何物质的折射率 n 都等于 1.对于极短波(γ 射线和硬 X 射线)折射率 n 略小于 1,这表明

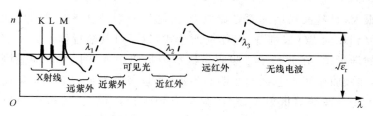

图 6-6　一种介质的全域色散曲线

此时电磁波从真空射向物质表面可发生全反射.

- **色散的经典理论**

色散的经典理论认为介质内部存在靠准弹性力维系的偶极振子,偶极振子在外部电场作用下以电场的频率作受迫振动,并向周围空间发射同一频率的单色电磁次波. 若电场的频率 ω 接近偶极振子固有频率 ω_0,偶极振子强烈地共振吸收电磁场的能量而发生共振,向周围空间发射的电磁波也更为强烈. 这些散射的电磁次波与入射的电磁波相干叠加就构成了在介质中传播的电磁波,它可很好地说明正常色散和反常色散现象. 我们先考虑介质内部的偶极振子只有一个固有频率 ω_0 的情形,在角频率为 ω 的外来电磁波的作用下,偶极振子的运动方程为

$$m\ddot{r} + g\dot{r} + kr = -eE_0 \mathrm{e}^{-\mathrm{i}\omega t}. \tag{6.10}$$

按照经典电子论,偶极振子振动的就是电子,式中 m 为电子质量,r 为其位移,式左边第三项为弹性恢复力,第二项为阻尼力,$-e$ 为电子电荷,E_0 为电场幅值. (6.10)式可简约化为

$$\ddot{r} + \gamma \dot{r} + \omega_0^2 r = -\frac{eE_0}{m}\mathrm{e}^{-\mathrm{i}\omega t}, \tag{6.11}$$

式中 ω_0 为振子的固有振动频率,$\gamma = g/m$ 称为阻尼常量. 这是一个二阶常系数非齐次常微分方程,其稳定解(特解)可由复数法求得,

$$r = \frac{eE_0}{m} \frac{1}{\omega^2 - \omega_0^2 + \mathrm{i}\gamma\omega} \mathrm{e}^{-\mathrm{i}\omega t}. \tag{6.12}$$

振子位移导致介质极化. 设介质单位体积内有 N 个原子,每个原子有 Z 个电子,每个电子位移 r 产生的电偶极矩为 $-er$,因此介质的极化强度为

$$\widetilde{P} = -NZer = -\frac{NZe^2}{m} \frac{1}{\omega^2 - \omega_0^2 + \mathrm{i}\gamma\omega} \widetilde{E}, \tag{6.13}$$

式中 $\widetilde{E} = E_0 \mathrm{e}^{-\mathrm{i}\omega t}$. 因为电极化率 $\chi_\mathrm{e} = \widetilde{P}/\varepsilon_0 \widetilde{E}$,而相对介电常量 $\varepsilon_\mathrm{r} = 1 + \chi_\mathrm{e}$,由(6.13)式得

$$\widetilde{\varepsilon}_\mathrm{r} = 1 - \frac{NZe^2}{\varepsilon_0 m} \frac{1}{\omega^2 - \omega_0^2 + \mathrm{i}\gamma\omega}. \tag{6.14}$$

下面将所得的结果与介质的折射率联系起来,由于 $\tilde{n} = \sqrt{\tilde{\varepsilon}_r}$,因此

$$\tilde{\varepsilon}_r = [n(1+i\kappa)]^2 = n^2(1-\kappa^2) + i2n^2\kappa.$$

考虑弱阻尼、低损耗,即 $\kappa \ll 1$ 情形,取近似 $n^2(1-\kappa^2) \approx n^2$,并按光谱学上的习惯,利用 $\omega = 2\pi c/\lambda$,$\omega_0 = 2\pi c/\lambda_0$. 将光频 ω 改用真空波长 λ 来表示,求得复数介电常量的实部

$$n^2 = 1 + \frac{NZe^2}{\varepsilon_0 m} \frac{(\lambda^2-\lambda_0^2)\lambda_0^2\lambda^2}{(2\pi c)^2(\lambda^2-\lambda_0^2)^2 + \gamma^2\lambda_0^4\lambda^2}. \quad (6.15)$$

在弱阻尼、低损耗情形,可忽略上式中的 γ^2 项,并将上式开方取一次方项得折射率的简化表示式

$$n = 1 + \frac{A\lambda^2}{\lambda^2-\lambda_0^2}, \quad (6.16)$$

式中 A 是与 N,Z 和 λ_0 有关的常量.

如果允许介质中的振子有多种固有角频率 $\omega_1, \omega_2, \cdots$ 同时存在,则相应的方程可写成一个多项式序列,

$$n = 1 + \frac{A_1\lambda^2}{\lambda^2-\lambda_1^2} + \frac{A_2\lambda^2}{\lambda^2-\lambda_2^2} + \cdots = 1 + \sum_i \frac{A_i\lambda^2}{\lambda^2-\lambda_i^2}. \quad (6.17)$$

下面根据(6.17)式作一些分析:(1) 按照(6.17)式作出的 $n \sim \lambda$ 关系如图 6-7 所示,当 λ 从左边趋近 λ_i 时,$n \to -\infty$;当 λ 从右边趋近 λ_i 时,$n \to +\infty$. 曲线的另一个特征是当 $\lambda \to 0$ 时,$n \to 1$;当 $\lambda \to \infty$ 时,n 值变为 $1 + \sum_i A_i$. 所有这些与物质的全域色散曲线相符.(2) 当入射波的波长处于介质的两条吸收线 λ_j 和 λ_{j+1} 之间,即

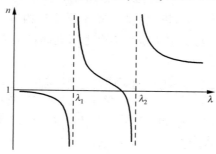

图 6-7 按(6.17)式作出的理论色散曲线

$$\lambda_1, \lambda_2, \cdots \ll \lambda_j < \lambda < \lambda_{j+1}, \cdots,$$

(6.17)式可近似写成

$$n = 1 + A_1 + A_2 + \cdots + A_{j-1} + \frac{A_j \lambda^2}{\lambda^2 - \lambda_j^2} + 0 + 0 + \cdots$$

$$= 1 + A_1 + A_2 + \cdots + A_{j-1} + A_j \left[1 + \left(\frac{\lambda_j}{\lambda} \right)^2 + \cdots \right]$$

$$= A + \frac{B}{\lambda^2} + \cdots, \tag{6.18}$$

式中 $A = 1 + A_1 + A_2 + \cdots + A_j$, $B = A_j \lambda_j^2$. (6.18)式正是正常色散的柯西公式.

色散的经典理论能够很好地说明介质色散的诸多特征,可是它不能告诉我们各种介质有些什么固有频率 ω_i 和相应的振子数,准弹性振子图像也不符合原子的有核模型,这些问题的正确回答有赖于量子力学. 不过量子力学得出的结果在形式上与经典理论的结果相同,只是对固有频率 ω_i、阻尼度 γ_i 和振子数 f_i 等参量的理解上有所不同.

6.4 波包与群速

- 波包的群速
- 群速与相速的关系
- 群速、能量传播速度和信息传播速度
- 对迈克耳孙实验测量的说明

● **波包的群速**

严格的单色波是一个无限长的连绵不断的波列,实际的波列不是无限长的,特别是实际的自然光波是无规的断断续续的波列,这些断断续续的波列可以看成不同波长成分的无限长波列的叠加. 因此实际的光波不是单色的,原来在理想单色波基础上建立起来的一些初等波动概念不能理解实际波动过程中的一些复杂现象. 例如按照初等波动概念,折射率 n 是描述介质光学性质的参量,它一方面描述介质中光从第一介质射向第二介质的折射现象,入射角正弦与折射角正弦之比等于第二种介质折射率与第一种介质折射率之比,即

$\frac{\sin i_1}{\sin i_2} = \frac{n_2}{n_1}$,另一方面又描述光在介质中的传播速度,即 $n = \frac{c}{v}$. 因此对应地可有折射法和光速法两种方法测量介质的折射率,测出的结果应该数值相等,然而对于实际的光波,两者却不相等. 1885 年,迈克耳孙用钠黄光测定了液体 CS_2 的折射率(相对空气),实验数据显示

$$\left(\frac{n_2}{n_1}\right)_{\text{折射法}} = 1.64, \quad \left(\frac{n_2}{n_1}\right)_{\text{光速法}} = 1.758,$$

两者相差竟达 7%,这绝非实验误差. 这一矛盾直到瑞利提出群速概念后才得到完满解决.

让我们考察一个最简单的非单色波场,它含有两个稍有差别的波长 λ_1 和 λ_2,相应地含有两个频率 ω_1 和 ω_2,如图 6-8(a)所示,

$$U_1(x,t) = A\cos(\omega_1 t - k_1 x), \quad U_2(x,t) = A\cos(\omega_2 t - k_2 x), \tag{6.19}$$

则合成波场为

$$U(x,t) = U_1 + U_2 = 2A\cos\left(\frac{\Delta\omega}{2}t - \frac{\Delta k}{2}\right) \cdot \cos(\bar{\omega}t - \bar{k}x), \tag{6.20}$$

其中

平均频率 $\bar{\omega} = \frac{1}{2}(\omega_1 + \omega_2)$, 平均波数 $\bar{k} = \frac{1}{2}(k_1 + k_2)$,

差频 $\Delta\omega = (\omega_2 - \omega_1) \ll \omega_1, \omega_2$,

波数差 $\Delta k = (k_1 - k_2) = \frac{\Delta\lambda}{\lambda}k \ll k_1, k_2$.

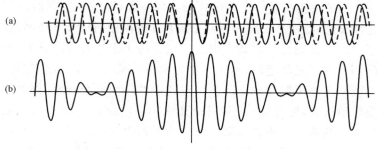

图 6-8 两个频率相近简谐波叠加而成的波拍

(6.20)式表明,这合成波场是两个因子的乘积,其中一个为高频振荡因子,其频率为 $\bar{\omega}$,波数为 $\bar{k}$,另一个为低频包络因子,其频率为 $\dfrac{\Delta\omega}{2}$,波数为 $\dfrac{\Delta k}{2}$. 此波场在任意时刻的波形如图 6-8(b)所示,呈现为一个随空间高频振荡的波形被一个低频包络所调制,形成一串连绵起伏的波拍[①]. 仔细观看图 6-8,从这些波拍可以看出,在振动幅度较大处,两相近频率的波的相位相同,而振动幅度较小处,两相近频率的波的相位相反(相位差为 π).

在这里波拍的传播将出现两个波速. 如果我们盯住此波拍中的单个波峰值,考虑它向前移动的速度,它是高频振荡波形的相速,用 v_P 表示,它可以通过相位保持恒定值并取微分求得,

$$\bar{\omega}t - \bar{k}x = C \Longrightarrow \bar{\omega}dt - \bar{k}dx = 0,$$

因此
$$v_P = \frac{dx}{dt} = \frac{\bar{\omega}}{\bar{k}}. \tag{6.21}$$

如果我们是注视着波群的极大值,考虑它向前移动的速度,它是低频包络的相位保持恒定值并取微分求得的速度,称为群速,用 v_G 表示,

$$\frac{\Delta\omega}{2}t - \frac{\Delta k}{2}x = C \Longrightarrow \frac{\Delta\omega}{2}dt - \frac{\Delta k}{2}dx = 0,$$

因此
$$v_G = \frac{dx}{dt} = \frac{\Delta\omega}{\Delta k} = \frac{d\omega}{dk}. \tag{6.22}$$

更一般的情形是非单色波场由一系列不同频率不同波数的各单色波叠加而成,这与频率相近的两个简谐波叠加而成的波拍不同,而是一个波包,波包之外的其他区域各波相互抵消. 我们可以这样来理解:当有频率相近的三个波相叠加,则相互抵消的范围将扩大;如果有许多频率相近的波相叠加,将只剩下一个波包,在此波包范围内,各个频率不同的波的相位都相近,而其他区域各波相位各异,都相互抵消了. 对于这种情形,相速和群速的计算公式仍分别是(6.21)和(6.22)式.

[①] 拍原来是指频率相近的两个同方向振动合成所产生的合振动振幅时大时小的现象,这里的波拍与之有些相似,只是这里的横轴是空间 x 而不是时间 t.

● **群速与相速的关系**

下面我们导出群速与相速的关系. 当非单色波在色散介质中传播时, 群速与相速将表现出差别. 而色散关系可以用不同物理量对于不同的自变量的关系来表达, 因此群速与相速的关系也可以有不同的表达.

由(6.21)式,

$$\omega = k v_P = k \frac{c}{n}, \tag{6.23}$$

而色散关系用折射率 n 对波长 λ 的变化来表达, 即 $n=n(\lambda)$, 则根据群速表达式(6.22)有

$$v_G = \frac{d\omega}{dk} = \frac{c}{n} - \frac{kc}{n^2}\frac{dn}{dk} = \frac{c}{n} - \frac{kc}{n^2}\frac{dn}{d\lambda}\frac{d\lambda}{dk}. \tag{6.24}$$

由 $k=\frac{2\pi}{\lambda}$, 则 $\lambda=\frac{2\pi}{k}$, 有

$$\frac{d\lambda}{dk} = -\frac{2\pi}{k^2}. \tag{6.25}$$

代入(6.24)式得

$$v_G = \frac{c}{n} - \frac{kc}{n^2}\left(-\frac{2\pi}{k^2}\right)\frac{dn}{d\lambda} = \frac{c}{n}\left(1 + \frac{\lambda}{n}\frac{dn}{d\lambda}\right). \tag{6.26}$$

当色散关系由 $n(\lambda)$ 来表达时, 使用(6.26)式讨论群速与相速的关系比较方便.

若色散关系用相速 v_P 对波数 k 的变化来表达, $v_P=v_P(k)$, 则根据群速公式和(6.23)式

$$v_G = \frac{d\omega}{dk} = v_P + k \cdot \frac{dv_P}{dk}. \tag{6.27}$$

当色散关系由 $v_P(k)$ 来表达时, 使用(6.27)式讨论群速与相速的关系比较方便.

若色散关系用相速 v_P 对波长的变化来表达, $v_P=v_P(\lambda)$, 则根据(6.27)式有

$$v_G = v_P + k\frac{dv_P}{d\lambda}\frac{d\lambda}{dk}. \tag{6.28}$$

将(6.25)式代入(6.28)式得

$$v_G = v_P - \lambda \frac{\mathrm{d}v_P}{\mathrm{d}\lambda}. \tag{6.29}$$

当色散关系由 $v_P(\lambda)$ 来表达时,使用(6.29)式讨论群速与相速的关系比较方便.

从(6.26)、(6.27)或(6.29)式可以看出,介质无色散,即 $\frac{\mathrm{d}n}{\mathrm{d}\lambda}$, $\frac{\mathrm{d}v_P}{\mathrm{d}k}$, $\frac{\mathrm{d}v_P}{\mathrm{d}\lambda} = 0$,则 $v_G = v_P$,群速与相速没有区别;对于介质正常色散,即 $\frac{\mathrm{d}n}{\mathrm{d}\lambda} < 0$,或 $\frac{\mathrm{d}v_P}{\mathrm{d}k} < 0$ 或 $\frac{\mathrm{d}v_P}{\mathrm{d}\lambda} > 0$,得 $v_G < v_P$,群速小于相速;对于介质反常色散,即 $\frac{\mathrm{d}n}{\mathrm{d}\lambda} > 0$, $\frac{\mathrm{d}v_P}{\mathrm{d}k} > 0$,或 $\frac{\mathrm{d}v_P}{\mathrm{d}\lambda} < 0$,得 $v_G > v_P$,群速大于相速.

根据群速概念还可以导出一个有用的公式.由于 $n = \frac{c}{v_P} = \frac{ck}{\omega}$,将 n 对 ω 求导数,经整理并定义一个群速折射率 $n_G = \frac{c}{v_G}$,得

$$\omega \frac{\mathrm{d}n}{\mathrm{d}\omega} = \frac{c}{v_G} - \frac{c}{v_P} \quad \text{或} \quad n_G = n + \omega \frac{\mathrm{d}n}{\mathrm{d}\omega}.$$

利用 $\omega = \frac{2\pi c}{\lambda}$ 求导可得 $\frac{\omega}{\mathrm{d}\omega} = -\frac{\lambda}{\mathrm{d}\lambda}$,代入上式得

$$n_G = n - \lambda \frac{\mathrm{d}n}{\mathrm{d}\lambda}. \tag{6.30}$$

- **群速、能量传播速度和信息传递速度**

波动携带的能量与振幅平方成正比,故波包中振幅最大的地方也是能量集中的地方,因此群速代表能量传播的速度;另一方面波动对人类的重要意义在于它是信息的载体,没有调制的无限延绵的简谐波仅仅告诉我们波的存在,是传递不出任何信息的,波必须被调制才能携带信息.利用载波的振幅变化来传递信息称为调幅.可见群速也代表了信息传递的速度.

狭义相对论指出,任何信号传递的速度都不可能超过真空中的光速 c,否则因果律会遭到破坏.波的相速并不受此限制.虽然在正

常色散情形有些场合波的相速可以大于光速 c，但它不是信号传递速度，波的信号速度总是小于光速 c 的。而在反常色散区可有 $v_G > v_P$，可是反常色散区存在强烈的吸收，无法传递信号，再谈信号速度已无意义；或者信号传递速度已不是群速了。[①]

- **对迈克耳孙实验测量的说明**

在迈克耳孙测定 CS_2 折射率的实验中，采用的是钠黄光，它具有双线结构，两条靠得很近的谱线的真空波长分别为 5890 Å 和 5896 Å，它们在色散介质 CS_2 液体中有稍许不同的相速或折射率 n_1 和 n_2。在折射法实验中只涉及光束方向，测得的折射率为平均折射率 $\bar{n} = 1.64$。然而在速度法中观测的是光束的能流，是光信号的速度，也就是波包的群速 v_G。对于正常色散来说 $\frac{dn}{d\lambda} < 0$，由 (6.30) 式，有 $n_G > n_P$。迈克耳孙的实验结果就不难理解了。

6.5 光的散射

- 散射和介质的不均匀尺度
- 拉曼散射
- 瑞利散射和米氏散射

- **散射和介质的不均匀尺度**

一束定向光束通过均匀的透明介质如玻璃、纯净水时，从侧面看不到光束。如果介质不均匀，其中悬浮着某种微粒，我们便可以从侧面清晰地看到光束行进的光柱。这是介质中的不均匀性使光朝四面八方散射的结果，这是我们实际观察的经验，那么我们从光学原理上如何理解呢？按照波传播的惠更斯-菲涅耳原理，当入射光射到介质上时，将激起其中电子作受迫振动，从而发出相干次波；只要介质分子的密度是均匀的，次波相干叠加的结果是只剩下遵从几何光学规律的光束，沿其他方向的振动完全抵消。其实，从微观的尺度

[①] 参见赵凯华：《新概念物理教程·光学》，高等教育出版社，2004 年，第 347 页。

(10^{-8} cm)来看,任何物质都是由一个个分子、原子组成,没有一种物质是均匀的. 这里所谓的"均匀"是以光的波长(10^{-5} cm)为尺度来衡量的,即在这样大小的范围内密度的统计平均是均匀的. 如果介质的均匀性遭到破坏,即尺度为波长量级的邻近介质小块之间在光学性质上(如折射率)有较大的差异时,这些入射波所激发的次波相干叠加,其结果光场中的强度分布将偏离上述均匀介质情形,除了按几何光学规律传播的光束之外,其他方向也有光的传播,这就是光的散射. 因此光的散射问题实质上也是光的衍射问题的一个方面. 严格的散射理论是用衍射的方法处理的.

按照不均匀团块的不同性质,散射可分为悬浮质点的散射和分子散射. 前者如胶体、乳浊液以及含有烟、雾、灰尘的大气中的散射,后者是由于分子热运动造成密度的局部涨落引起的. 另外,光的散射与介质中不均匀的尺度有很大关系,按介质中散射颗粒大小的不同,散射又可分为瑞利散射和米氏散射,前者散射颗粒的尺度远小于波长的尺度,后者散射颗粒的尺度在波长量级.

- **瑞利散射和米氏散射**

1871 年瑞利对小颗粒的散射作了精密的研究,他得到的结论是含有线度远小于光波长的微小质点的介质的散射光强与波长的 4 次方 λ^4 成反比,

$$I \propto \omega^4 \propto \frac{1}{\lambda^4}, \tag{6.31}$$

这就是著名的瑞利散射定律. (6.31)式表明对于线度远小于光波长的微小质点而言,短波蓝紫光的散射效应要比长波红光的散射强得多. 例如紫光的波长为 4000 Å,红光的波长为 7200 Å,紫光的散射要比红光大 $(1.8)^4 \approx 10$ 倍.

1908 年米(G. Mie)以球形质点为模型获得电磁波散射的严格解. 根据米氏理论,当散射小球的半径 $a < \frac{\lambda}{20}$,瑞利散射的 λ^4 反比律是正确的,而当散射小球的半径大于此范围,散射光强度对波长的依赖关系就不十分明显了.

天空的蓝色和朝霞晚霞的橙红色就是空气中分子热运动造成密度的局部涨落引起的. 其颗粒小于可见光波长, 故散射光呈现天空蓝色. 如果没有密度的局部涨落, 则没有散射光, 天空将漆黑一片. 白云是大气中的小水珠形成的, 小水珠的半径已大于可见光的波长, 瑞利散射定律不再适用, 故呈白色. 朝霞和晚霞是散射掉蓝紫色光后的橙红色光照射到云朵上再散射的结果.

从点燃的香烟头上冒出的烟是比波长小的颗粒形成的, 它们近似遵从瑞利散射定律, 袅绕的轻烟略带蓝色, 而从吸烟者嘴里呼出的烟雾则含有相当大量的小水珠, 烟粒凝结在一起, 颗粒大于波长, 从而散射呈白色.

米氏理论的严格结果相当复杂, 但对胶体和金属悬浮液、星际粒子、云雾以及日冕的研究具有实用价值.

散射的另一个重要问题是散射引起的偏振.

对于线度远小于波长的小颗粒的瑞利散射, 如图 6-9(a) 所示, 设入射线偏振光的电矢量沿 x 轴, 引起散射颗粒 P 中带电粒子沿 x 轴方向受迫振动, 这些带电粒子的振动犹如振荡的电偶极子, 它在周围散发出变化的电磁场, 这些变化的电磁场以波的形式向外传播, 就构成散射光, 它具有一定的角分布. 沿着偶极子的极轴方向, 即沿 Px 方向, 散射光的强度为零, 这与电磁波是横波是一致的; 在垂直于极轴的 y-z 平面内, 沿各方向散射光的强度最大. 如果入射线偏振光的电矢量沿 y 轴, 引起 P 处的带电粒子沿 y 轴振荡, 则发出的散射光沿 y 轴方向强度为零, 沿垂直于 y 轴的 x-z 平面内各方向的散射光强度最大, 如图 6-9(b).

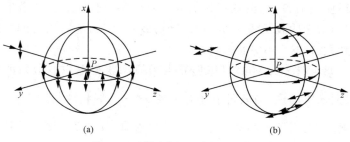

图 6-9 入射线偏振光散射时的偏振

如果沿 z 轴入射的光是自然光,自然光可以看成是两个振动方向相互垂直的强度相等的线偏振光的叠加,散射颗粒对于自然光的散射效果是图 6-9(a)(b) 两种情形的综合效果,如图 6-10 所示,在垂直入射光方向的 x-y 平面内,沿各方向的散射光都是线

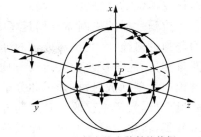

图 6-10 入射自然光散射的偏振

偏振光;在原入射光方向,和其相反方向的散射光都仍是自然光,而在其他方向的散射光为不同偏振度的部分偏振光.

实际上当太阳在一侧,我们隔着偏振片仰望天空时,旋转偏振片,可以看到透过偏振片的散射光的强度在变化,说明散射光是部分偏振光,而不是线偏振光,在垂直入射光方向的平面内振动较强.这是因为光线受到大量的散射和多次散射,产生一定的退偏振.但是,不管怎样,散射光具有偏振的性质是明显的.利用这一性质也可以大致确定偏振片的偏振化方向.

对于散射颗粒增大的米氏散射,散射就偏离了对称性,沿前进方向上的散射要比相反方向上的更强.

- **拉曼散射**

瑞利散射和米氏散射中,散射光的频率与入射光的频率相同,而拉曼散射是指物质散射光的频率不同于入射光频率的一种散射现象,最早于 1923 年斯梅卡尔(A. G. S. Smekal)在理论上作了预言,1928 年印度人拉曼(C. V. Raman)在苯、四氯化碳等液体中观察到,同年前苏联人兰茨贝格(Г. С. Ландсберг)和曼杰斯塔姆(П. И. Мандельщтам)在固体石英中,法国人罗卡德(Y. Rocard)和卡巴尼斯(J. Cabannes)在气体中观察到.他们观察到的结果如下:

在物质的散射光中除了有相同于入射光频率 ω_0 的瑞利散射线之外,还有不同于 ω_0 的若干谱线产生,它们对称分布在瑞利散射线的两侧,强度要比瑞利散射线弱得多.频率较低的红伴线称为斯托克斯线,频率较高的紫伴线称为反斯托克斯线.斯托克斯线的强度比反

斯托克斯线的强度要大一些.

拉曼散射的机制需要用量子力学来解释.它来源于光子和分子的非弹性碰撞.在光子与分子的弹性碰撞中,光子和分子之间不发生能量交换.光子仅改变其运动方向,而不改变其频率,这种弹性散射过程产生瑞利散射;在光子和分子的非弹性碰撞中,光子和分子发生能量交换,光子不仅改变其运动方向,还发生光子的一部分能量传递给分子,转化为分子的振动能或转动能,或者光子从分子的振动或转动得到能量,在这两种过程中,光子的频率都发生变化,光子失去能量的过程对应于频率减少的斯托克斯伴线,光子得到能量的过程对应于频率增加的反斯托克斯伴线.

由于拉曼散射光谱与介质分子的振动和转动有关,拉曼散射为研究分子结构提供了重要手段.它可以用来测定分子振动和转动的各种属性,也可以用来判断分子的对称性、分子内部作用力的大小以及研究有关分子动力学的性质.特别是对于不存在固有电偶极矩的无极分子,它们的振动和转动不会发射和吸收红外振动光谱和远红外转动光谱,但可存在拉曼散射光谱,因而拉曼散射是研究这类分子的唯一手段.

原来拉曼散射光强很弱,只有瑞利散射的 $10^{-3} \sim 10^{-6}$,检测颇为困难.激光问世给拉曼散射的研究带来生机.激光技术的新进展进一步促进拉曼光谱技术的发展和应用,强激光照射可获得受激拉曼散射、超拉曼散射和逆拉曼散射等非线性拉曼效应,此外还有表面增强拉曼散射等现象的发现,所有这些使拉曼散射技术的应用范围更趋广泛和重要.

习　题

6.1 有一介质,吸收系数 $\alpha = 0.32 \text{ cm}^{-1}$,透射光强衰减为入射光强的 $10\%, 20\%, 50\%$ 和 80% 时,相应的介质厚度各为多少?

6.2 一玻璃管长 3.50 m,内存有标准大气压下的某种气体,吸收系数 $\alpha = 0.1650 \text{ m}^{-1}$.

(1) 若仅考量这气体的吸收,求出透射光强的百分比.

(2) 若再考量管口玻璃表面的反射,求出透射光强的百分比. 设此玻璃的光强反射率为 4%,并忽略多次反射和干涉.

6.3 某种无色透明玻璃的吸收系数为 $0.10\ \mathrm{m}^{-1}$,用以制成 $5.0\ \mathrm{mm}$ 厚的玻璃窗,

(1) 若仅考量这玻璃的吸收,求出透射光强的百分比.

(2) 若再考量玻璃表面的反射,求出透射光强的百分比. 设此玻璃的光强反射率为 4%,并忽略多次反射和干涉.

6.4 人眼能觉察的光强是太阳到达地面光强的 $1/10^{18}$,试问人在海底多深还能看到亮光? 设海水吸收系数为 $1.0\ \mathrm{m}^{-1}$.

6.5 某玻璃对氦氖激光 $633\ \mathrm{nm}$ 的复折射率为 $\tilde{n}=1.5+5\times 10^{-8}\mathrm{i}$,求出该玻璃的吸收系数,以及这激光束在玻璃中的光速.

6.6 水银灯光含有两条显著的谱线,一条蓝色 $\lambda=435.8\ \mathrm{nm}$,另一条绿色 $\lambda=546.1\ \mathrm{nm}$. 某一种光学玻璃对这两波长的折射率分别为 1.6525 和 1.6245.

(1) 试根据以上数据定出柯西公式的两个常数 A 和 B.

(2) 推算出这种玻璃对钠黄光 $\lambda=589.3\ \mathrm{nm}$ 的折射率.

(3) 进一步导出这种玻璃在钠黄光附近的色散率 $\mathrm{d}n/\mathrm{d}\lambda$.

(4) 钠黄光为双线结构,含 $\lambda_1=589.0\ \mathrm{nm}$ 和 $\lambda_2=589.6\ \mathrm{nm}$,试估算这两种波长的光在该玻璃中的相速之差 Δv 与平均相速 $\bar{v}$ 之比值(数量级);同时算出双线所形成的波拍的群速 v_G 及其与 $\bar{v}$ 之比值(数量级).

6.7 试从图 6-3 求出波长为 $400\ \mathrm{nm}$ 的光在水晶中行进的波相速和群速.

6.8 试计算下列各情形的群速:

(1) $v_P=v_0$(常量),无色散介质;

(2) $v_P=\sqrt{\dfrac{\lambda}{2\pi}\left(g+\dfrac{4\pi^2 T}{\lambda^p \rho}\right)}$ (水面波,g 为重力加速度,T 为表面张力,ρ 为液体密度);

(3) 折射率 n 满足正常色散的柯西公式(6.9)式;

(4) $\omega^2=\omega_c^2+c^2k^2$(波导中的电磁波,$\omega_c$ 为截止角频率).

6.9 设白光中波长为 $6900\ \text{Å}$ 的红光与波长为 $4300\ \text{Å}$ 的蓝光

强度相同,问在散射光中两者的比例是多少?

6.10 苯(C_6H_6)的拉曼散射中较强的谱线与入射光的波数差为 607,992,1178,1586,3047,3062 cm^{-1},今以氩离子激光($\lambda=488.0$ nm)入射,计算各斯托克斯线的波长.

习 题 答 案

第 1 章

1.1 667 nm, 2.0×10^8 m/s

1.2 460 nm, 26π

1.3 200, 292

1.4 28π

1.5 (1) $30°, 90°, 60°$; (2) $15\pi, -A$

1.6 (1) $\widetilde{U}(x,y,z) = A\mathrm{e}^{ik(0.866x+0.259y+0.428z)}$;

(2) $\widetilde{U}(x,y) = A\mathrm{e}^{ik(0.866x+0.259y)}$;

(3) $\widetilde{U}_1(x,y) = A\mathrm{e}^{ik \cdot 0.866x}$,

$\widetilde{U}_2(x,y) = A\mathrm{e}^{ik(0.866x-0.866y)}$.

1.7 一列传播方向平行于 xz 平面的平面波,$k_y=0$,$k_x=-2\pi f$,$k_z = 2\pi\sqrt{\dfrac{1}{\lambda^2}-f^2}$.

1.8 (1) $\widetilde{U}_1(x,y) = A\mathrm{e}^{ik\left(z_0+\frac{x^2+y^2}{2z_0}\right)}$,

$\widetilde{U}_2(x,y) = A\mathrm{e}^{ik\left[z_0+\frac{(x-3)^2+(y-4)^2}{2z_0}\right]}$,

$\widetilde{U}_3(x,y) = A\mathrm{e}^{ik\left[z_0+\frac{(x+3)^2+(y+4)^2}{2z_0}\right]}$;

(2) $\widetilde{U}_1^*(x,y) = A\mathrm{e}^{-ik\left(z_0+\frac{x^2+y^2}{2z_0}\right)}$,会聚中心$(0,0,z_0)$,

$\widetilde{U}_2^*(x,y) = A\mathrm{e}^{-ik\left[z_0+\frac{(x-3)^2+(y-4)^2}{2z_0}\right]}$,会聚中心$(3,4,z_0)$,

$\widetilde{U}_3^*(x,y) = A\mathrm{e}^{-ik\left[z_0+\frac{(x+3)^2+(x+4)^2}{2z_0}\right]}$,会聚中心$(-3,-4,z_0)$.

1.9 (2) 40%

第 2 章

2.3 $90°, 18.3°$

2.4 (1) $53.1°$; (2) 1.636

2.6 (1) 7%, 93%; (2) 5%, 95%

2.7 (1) $0.9W_0, 0.09W_0, 0.81W_0$;

(2) 还应给出入射角 i_1 和相应的折射角 i_2,或给出入射角 i_1 和介质折射率.

2.8 (1) $\mathscr{R}=30\%, r=55\%$;

(2) $\mathscr{T}=70\%, T=24\%, t=40\%$;

(3) 是部分偏振光.

2.9 (1) 61%;(2) 24%.

2.10 1.72

2.11 48.4°,41.6°,两者互为余角

2.12 0.09

2.15 157 nm,79 nm

第 3 章

3.1 (1) 633 μm;(2) 476 μm.

3.2 588 nm　　　　　　**3.3** 0.96 mm

3.4 1.000 865　　　　　**3.5** 0.64 μm

3.6 22.8 μm　　　　　**3.7** 0.625 μm

3.8 有一凹槽,$\dfrac{a}{b} \cdot \dfrac{\lambda}{2}$

3.9 (1) 29.5 μm.

(2) 轻压平板玻璃,由干涉条纹移动来判断.

(3) 待校块规端面倾斜,左高右低.

(4) 无干涉条纹.

3.10 (1) 10.2 cm;(2) 0.61 mm, 1.47 mm.

3.11 0.224 cm

3.12 594 nm, 424 nm; 495 nm

3.13 0.552 mm　　　　　**3.14** 1.003 04

3.15 (1) 2.947 μm;(2) 20;(3) 5.

3.16 (1) 0.437 mm,看不到;(2) 2.9 cm.

3.17 0.41 m, 4×10^2 m

3.18 0.0482　　　　　　**3.19** 2°34′

习 题 答 案

3.20 (1) 1.7×10^5;(2) $0.5''$;(3) 2.6×10^7,2.3×10^{-5} nm;
(4) 1.2×10^5,2×10^{-5} nm;(5) 5.5×10^{-3} nm.

3.21 2.94 cm

3.22 (1) 620 nm,413 nm 两条;(2) 4.0 nm,1.8 nm.

第 4 章

4.1 (1) 0.87 mm,1.5 mm;(2) 1.2 mm,1.7 mm.

4.2 (1) 8.0 m,2.7 m,1.6 m;
(2) 4.0 m,2.0 m,1.3 m.

4.3 121   **4.4** 9801

4.5 (1) 23.6 m;(2) 1/10.

4.6 $\rho_1=0.57$ mm,$k=32$,$\rho_{32}=3.2$ mm

4.7 (1) $0.34°$;(2) 67 μm.

4.8 0.29 mm   **4.9** 5.5×10^{-7} m

4.10 63 μm   **4.11** 6.7 km

4.12 2.24 m,893   **4.13** 12.2 cm,每毫米 400 线

4.14 255 m   **4.15** 5.05 m

4.17 (1) (a) 5 缝,(b) 4 缝,(c) 双缝,(d) 6 缝;
(2) (a) 有,4,(b) 有,1.5;
(3) (a) 图 b 最小,(b) 图 b 最大.

4.18 1.03 μm,不能

4.19 (1) 459.9 nm;(2) 3.

4.20 $10°57'$,$28°27'$;不重叠

4.21 (1) $0.425'$,$0.0405'$,可分辨;(2) 0.32 Å.

4.22 1.82×10^3

4.23 667 nm, 545 nm, 462 nm, 400 nm

4.24 每毫米 500 条

4.25 525 nm

4.27 $I_\theta=I_0\left(\dfrac{\sin\alpha}{\alpha}\right)^2[3+2(\cos2\alpha+\cos5\alpha+\cos7\alpha)]$,
$\alpha=\dfrac{\pi a}{\lambda}\sin\theta$.

4.28 (1) $I_\theta = I_0 \left(\dfrac{\sin\alpha}{\alpha}\right)^2 \left(\dfrac{\sin 6N\alpha}{\sin 6\alpha}\right)^2, \alpha = \dfrac{\pi a}{\lambda}\sin\theta$;

(2) 同(1);

(3) $I_\theta = 4I_0 \cos^2 2\alpha \left(\dfrac{\sin\alpha}{\alpha}\dfrac{\sin 6N\alpha}{\sin 6\alpha}\right)^2$.

4.29 0.0492Å

4.30 (1) 与 y 轴平行的等距全息条纹.

(2) $\Delta x = \dfrac{\lambda}{\sin\theta}$.

(3) 3束出射平行光波,零级垂直全息片,+1级与 z 轴夹角为 θ,−1级与 z 轴夹角为 $-\theta$.

(4) 3束出射平行光波,零级在 θ 方向,+1级在 $\sin^{-1}(2\sin\theta)$ 方向,−1级在垂直全息片方向.

(5) 3束出射平行光波.

第 5 章

5.1　$0°, 26.6°, 39.2°, 50.8°, 63.4°, 90°$

5.2　$0.21 I_0$

5.4　$14.1°$

5.5　$5.29°$

5.6　$16.4\ \mu m$

5.7　(1) 3;(2) $1.71\ \mu m$;(3) $60°$.

5.8　$1.71\ \mu m, I_0/2$

5.9　$1.71\ \mu m, 5.14\ \mu m, 8.56\ \mu m; 0.375$

5.10 (1) 6.1×10^3 Å, 5.4×10^3 Å, 4.8×10^3 Å, 4.3×10^3 Å;

(2) 6.6×10^3 Å, 5.7×10^3 Å, 5.1×10^3 Å, 4.5×10^3 Å, 4.1×10^3 Å.

5.11 (1) N 偏振化方向的线偏振光,圆偏振光,与 N 偏振化方向垂直的线偏振光,圆偏振光,N 偏振化方向的线偏振光;强度相同;

(2) 均为 N' 偏振化方向的线偏振光;
强度为 $0:0.5:1:0.5:0$.

5.12 4.15 mm

5.13 0.05 g/cm³

第 6 章

6.1 7.2 cm, 5.0 cm, 2.2 cm, 0.70 cm

6.2 (1) 0.56; (2) 0.48.

6.3 (1) ≈100%; (2) 92%.

6.4 41 m

6.5 $1.0 \text{ m}^{-1}, 2.0 \times 10^8 \text{ m/s}$

6.6 (1) $1.575, 1.464 \times 10^4 \text{ nm}^2$.

(2) 1.617.

(3) $-1.43 \times 10^{-4} \text{ nm}^{-1}$.

(4) $5 \times 10^{-5}, -5 \times 10^{-2}$.

6.7 $0.642\,c, 0.618\,c$

6.8 (1) 无色散; (2) $\dfrac{\dfrac{\lambda}{2\pi}\left(g + \dfrac{12\pi^2 T}{\rho \lambda^2}\right)}{2\sqrt{\dfrac{\lambda}{2\pi}\left(g + \dfrac{4\pi^2 T}{\rho \lambda^2}\right)}}$;

(3) $\dfrac{c}{n}\left(1 - \dfrac{2B}{n\lambda^2}\right)$; (4) $\dfrac{c^2 k}{\sqrt{\omega_c^2 + c^2 k^2}}$.

6.9 0.15

6.10 502.9 nm, 512.8 nm, 517.8 nm, 528.9 nm, 573.2 nm, 573.7 nm